U0258188

简单 烘焙
BASIC BAKING

梁凤玲（Candy）著

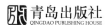
青岛出版社
QINGDAO PUBLISHING HOUSE

扫码关注 Candy
与你分享更多烘焙心得

作者简介

　　梁凤玲（Candy），美国惠尔通（Wilton）WMI 认证导师。一直致力于追求自己热爱的烘焙事业，目前在广东佛山经营着两家实体店、一家网店（Candy 烘焙杂货铺）以及一家惠尔通授权认证教室 Candy Bakery。曾前往中国香港学习美国惠尔通课程，并在 2013 年成为国内首批美国惠尔通（Wilton）WMI 认证导师。除此之外，还进修英国 PME 翻糖蛋糕课程，并获得 Master 证书。早在韩式裱花大热之初，又赴韩国学习正宗韩式裱花课程。Candy 一直在朝着自己的目标前进，也希望将这份烘焙的热情传递给每一位来到 Candy Bakery 教室学习的烘焙爱好者和学员！著有书籍《玩美 蛋糕裱花魔法入门》《玩美 蛋糕裱花魔法进阶》等。

爱上烘焙，
爱上简单生活……

  大家好，我是 Candy，我从事烘焙教学已经有 10 多年了。在我授课的过程中，我发现很多学员对于各种西点的制作仅停留在对单个配方的机械式运用上，因此他们常常跟我抱怨："Candy，一会儿打蛋白，一会儿打蛋黄，一会儿打全蛋，头都要搞晕！""Candy，戚风蛋糕和海绵蛋糕有什么区别？""Candy，面包面团要揉出手套膜，这是要把手揉断的节奏啊！"……

  其实，在学习烘焙的路上，有这许多的困惑是很正常的。我最初学烘焙的时候，也一度晕头转向。于是我很想写一本书，教大家用简单的方法来学习烘焙，帮大家少走弯路，能更快找到烘焙的乐趣。因为不管是打发蛋白还是打发全蛋，不管是"七分发"还是"十分发"，都是有规律可循的，我为此还专门总结了一些"公式"，应该能帮助大家更好地理解各类西点之间的区别和联系。只要掌握了这些公式，剩下需要我们做的，就是在这些公式的基础上，加入任何你喜欢的配料，调配出变化无穷的美味！

  简单烘焙，除了有简单的方法，还可以使用一些"神器"。我向大家隆重推荐面包机和带低温发酵功能的烤箱。有了这两件"神器"，让新手望而却步的面包也可以轻松搞定——把所有材料投入面包机，只要设定好时间，就可以轻松揉出薄膜般的手套膜，再加上精确控温的带低温发酵功能的烤箱，面团的发酵效果尽在掌握。一款美味面包就这样轻松出炉啦！

  作为一个烘焙新人，你是否不管是饼干、蛋糕、面包，还是各种小甜点都想尝试一下呢？但往往又因为过于复杂的操作而止步。在这本书里，我特别从每个品类里甄选了一些"超级简单"的烘焙作品，就算你是第一次玩烘焙，也能保证一次成功！动心了吗？快找到每个部分的"新手推荐"，开始小试牛刀吧！如果做成功了，别忘记和大家分享啊！

  爱上烘焙，操作看似繁复，但是称称量量、搅搅拌拌间，我们浮躁的心得以抚慰。当我们抛开喧嚣，静下心来为家人烘焙甜点时，当诱人的香味飘出时，当孩子的笑声回荡在耳边时，生活就因此变得简单而幸福！

Candy

2017 年 4 月于广东佛山

目 录 *Contents*

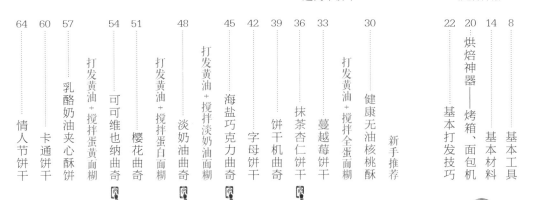

Part 2
新手也能从容上阵的
超简单饼干

Part 1
烘焙达人们都在用的
烘焙神器

Part 3
最能打动你柔软内心的酥软蛋糕

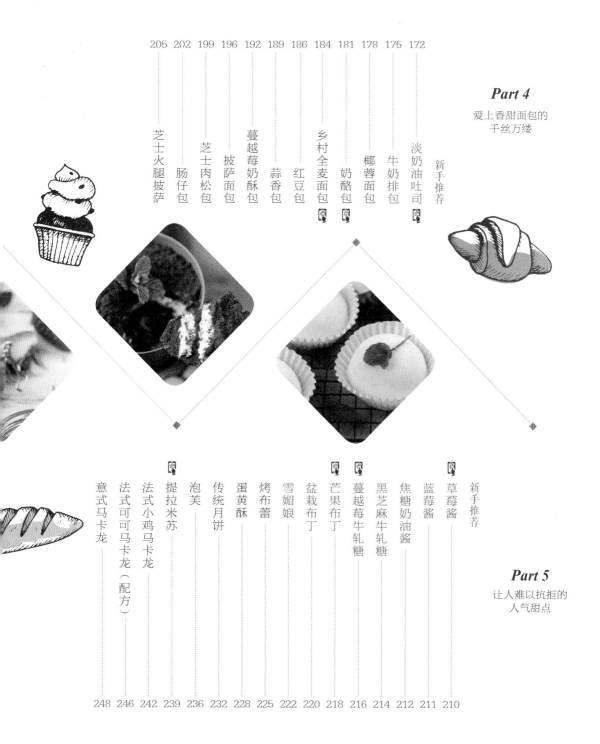

编者注：标记 📱 图标的作品可以扫描二维码观看精彩制作视频。

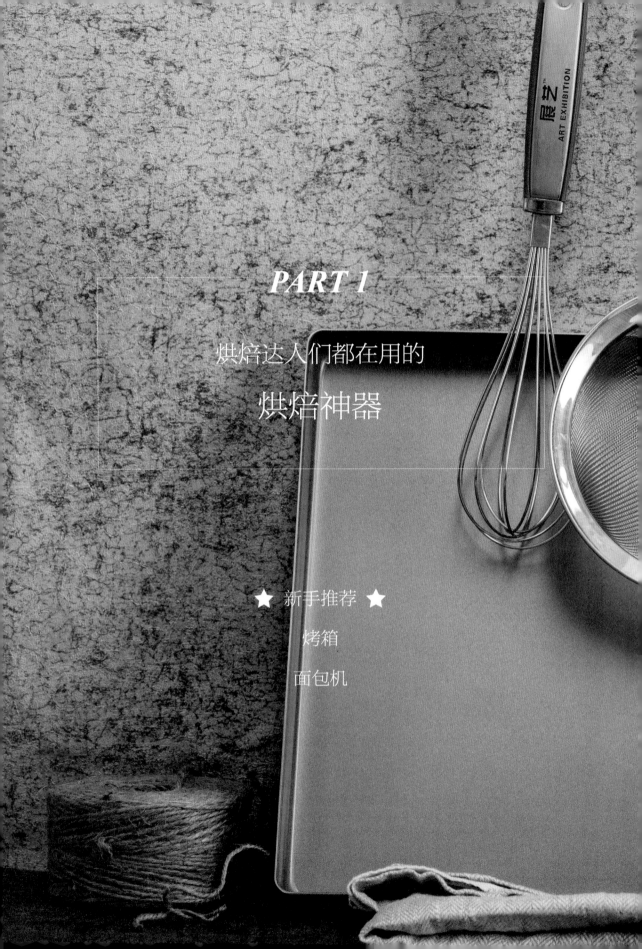

PART 1

烘焙达人们都在用的

烘焙神器

★ 新手推荐 ★

烤箱

面包机

① 基本工具

晾架

6连麦芬蛋糕模烤盘

打蛋盆

电动打蛋器

蛋糕模具

电子秤

U形饼干整形器

面包发酵藤篮

电动打蛋器

制作蛋糕体，打发奶油、黄油等的必备工具。手动打蛋器一般用于原料的基础混合或者用于打发少量的奶油、黄油等；手持的电动打蛋器一般用来打发量多的原料。

打蛋盆

打蛋盆用于制作蛋糕体，奶油调色，或用于打发蛋清、奶油、黄油等。建议选取不锈钢材质、盆身较深（可防止打发时材料溅出）的打蛋盆。

电子秤

制作烘焙必备的工具，建议选购能够精确到 0.1 克的。

晾架

用于放凉蛋糕体或饼干。

扫码观看电子秤的
使用

手动打蛋器

面粉筛

隔热手套

硅胶刮刀

烤盘

脱模刀、抹刀

手动打蛋器

用于打发、搅拌少量蛋糕、奶油、黄油等。

面粉筛

用于过筛粉类材料。大面粉筛（直径约 14 厘米），主要用于过筛面粉；小面粉筛（直径约 5 厘米），用于给蛋糕表面筛糖粉、可可粉等。

隔热手套

用于拿取烤箱加热的食品，可避免被烫伤。

硅胶刮刀

用于混合面糊和拌匀打发好的奶油或奶油调色等。由于刀头柔软，可轻松刮干净打蛋盆里的面糊和奶油。

脱模刀、抹刀

脱模刀用于脱出蛋糕模里的蛋糕体；抹刀用于奶油抹面。

扫码观看硅胶刮刀
的使用

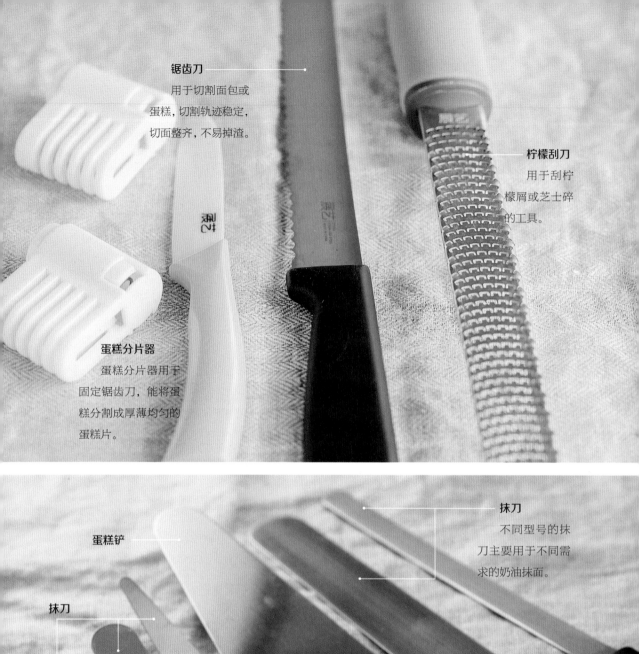

锯齿刀
用于切割面包或蛋糕，切割轨迹稳定，切面整齐，不易掉渣。

柠檬刮刀
用于刮柠檬屑或芝士碎的工具。

蛋糕分片器
蛋糕分片器用于固定锯齿刀，能将蛋糕分割成厚薄均匀的蛋糕片。

抹刀
不同型号的抹刀主要用于不同需求的奶油抹面。

蛋糕铲

抹刀

刮板

杯式手持面粉筛

液体温度计

曲奇饼干裱花枪

分蛋器

量勺

杯式手持面粉筛

用手握住手柄上的弹簧，轻轻捏动手柄就可过筛面粉，非常方便。

刮板

用于切割面团、刮平蛋糕表面面糊、刮起案板上的散粉等。

液体温度计

用于精确测试糖水温度。

量勺

用于量取少量的粉类及液体类食材，规则为 1.25 毫升、2.5 毫升、5 毫升和 15 毫升。

分蛋器

用于分离蛋白与蛋黄。

曲奇饼干裱花枪

1. 将底部螺母拆下，按下曲奇饼干枪侧面限位扣，同时拉长手柄至顶端。

2. 将之前准备好的曲奇面团装入曲奇饼干枪的腔体内。

3. 安装好花片并固定住螺母，推动手柄即可开始制作曲奇。

扫码观看杯式
面粉筛的使用

扫码观看曲奇
饼干裱花枪的使用

各式饼干模具
用于制作不同
形状的饼干。

手压式月饼模具
用于压制月饼造
型及表面花纹的模具。

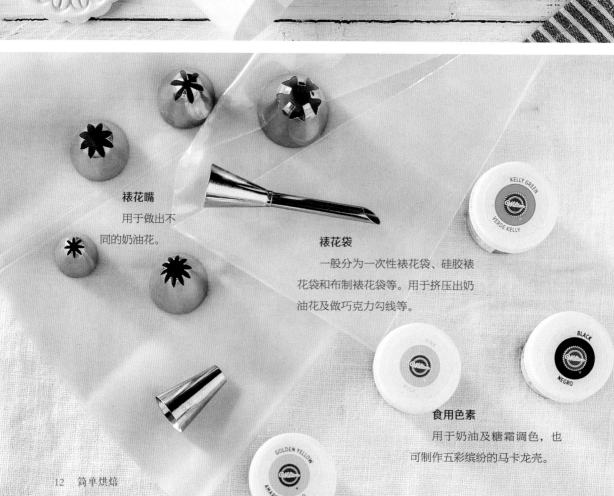

裱花嘴
用于做出不
同的奶油花。

裱花袋
一般分为一次性裱花袋、硅胶裱
花袋和布制裱花袋等。用于挤压出奶
油花及做巧克力勾线等。

食用色素
用于奶油及糖霜调色，也
可制作五彩缤纷的马卡龙壳。

蛋糕插旗（旋转木马）
用于装饰蛋糕。

耐高温纸杯、纸托
用来制作杯子蛋糕，
方便携带。耐高温纸托
需要配套不粘模具使用。

硅胶垫
用于蛋糕烤制或
揉面团时防粘。

硅油纸
起防水、防油、
防粘作用。

马卡龙垫
便于定位、定形
及定量烤制马卡龙。

2 基本材料

面粉

根据面粉中蛋白质含量的多少，可以把面粉分为高筋面粉（制作面包）、中筋面粉（制作中式糕点）和低筋面粉（制作蛋糕、饼干）。

全麦粉

用于制作全麦面包、馒头等。

可可粉

可可豆经脱脂粉碎后即为可可粉。可用于制作生巧克力、可可饮品、冰淇淋、糖果、饼干等。

糖粉

采用精制白砂糖研磨而成，可用来装饰面包、蛋糕、饼干，也可加入奶油中，促进打发，还可直接作为调味品使用。

杏仁粉

杏仁粉是由杏仁研磨加工而来，用于制作马卡龙及饼干、糕点等。

抹茶粉

将绿茶用石磨研磨成微粉状。色泽嫩绿清新，粉质细腻，一般用于烘焙中制作各种抹茶口味的点心。

细砂糖

白砂糖经加工研磨，颗粒呈幼细状，更易于融入面团面糊中，也有利于提高打发率，是烘焙中常备的调味品。

无盐黄油

做烘焙一般都选购无盐黄油，因为不知道有盐黄油里盐的含量有多少，这会改变配方的比例。

红丝绒香精

主要用来制作红丝绒蛋糕或代替红色色素。

香草精

一种从香草中提炼的食用香精，常用于给糕点类去除蛋腥味或是制作香草口味的点心。

鸡蛋

是制作各类西点的必备原料，一般需要冷藏储存。打发蛋白时，从冰箱取出即可使用；打发全蛋时，则需放至常温再使用。

奶油奶酪

制作芝士蛋糕的材料。

烘焙专用色拉油

呈淡黄色，澄清透明，无色无味。主要用于作为起酥油、蛋黄酱及各种调味油的原料油。

蛋白粉

用于制作糖霜及马卡龙。

食用小苏打

制作蛋糕、饼干等食品的添加剂，能使食物多孔膨松。

马苏里拉奶酪

是制作比萨的重要原料之一，有拉丝效果。

泡打粉

是一种复合膨松剂，又称为发泡粉和发酵粉，主要用于面食制品的快速疏松剂。

玉米淀粉

用于制作点心、馅料等。

消化饼干

奶粉

用于制作各类面包、糕点等，一般选购全脂奶粉。

香草豆荚

盐渍樱花

可用于制作不同风味的饼干及糕点。

糯米粉

可制作冰皮月饼或雪媚娘等糯性糕点。

红豆馅

莲蓉馅

用于制作面包、蛋糕及中式点心的馅料。

棉花糖

制作牛轧糖的原料。

吉利丁片

用于慕斯蛋糕、果冻的制作，起稳定结构的作用。使用前要先用冷开水泡软。

夏威夷果仁

海盐

可用于制作不同风味的饼干及糕点。

全脂椰蓉

核桃

杏仁片

用于制作饼干或蛋糕的配料，经过烘烤后使用。

蔓越莓干

纯可可脂巧克力

纯可可脂是可可豆中的天然脂肪，它使巧克力具有独特的平滑感和入口即化的特性。代可可脂一般都采用氢化的工艺，含有大量的反式脂肪酸，所以不建议使用代可可脂巧克力。

酵母

用于面包发酵。开封后需要用封口夹夹好，放入冰箱冷藏保存。

烤花生碎　**提子干**　**黑芝麻**　**糖渍橙皮**

蜜红豆

可制作不同风味的饼干及糕点。

朗姆酒、咖啡酒
用于甜点调味。

玉米糖浆
又叫麦芽糖浆、水
饴糖浆，用于制作海绵
蛋糕或果酱。

蜂蜜
用于烘焙产
品中增加风味。

炼乳
用于烘焙
中增加风味。

牛奶
用于制作各类
面包和糕点，一般
选购全脂牛奶。

披萨酱
用于披萨的调味。

淡奶油
也叫稀奶油。动物
奶油本身不含糖，所以
打发时要加糖，打发后
可装饰蛋糕或用于制作
甜点等。

枧水
用于制作
传统月饼。

❸ 烘焙神器——烤箱、面包机

柏翠 PE5389 烤箱

柏翠 PE5609WT 烤箱

烤箱

　　烤箱建议选购容量 30 升以上的，最好有上下管发热功能，能均匀加热。烤箱层数最少三层，如果烤箱太小，在烘烤的过程中，蛋糕或者面包发起，越接近上发热管，越容易烤焦。第一次使用烤箱时，一定要按照说明书清洗烤箱。使用烤箱时，要养成提前 10 ~ 15 分钟预热烤箱的习惯。我现在常用的是柏翠电子式烤箱，有 38 升、45 升、60 升可供选择。柏翠最新推出的一度飞梭烤箱，既有机械式的便捷操作又有电子式的精准温控，而且烘烤过程中可以调温，操作非常简单；柏翠烤箱还有低温发酵功能，这对于发酵面包非常有用。之前我也使用过其他牌子烤箱的发酵功能，使用一段时间后，发酵温度会超过 50℃。但柏翠烤箱的发酵功能可以选 28℃和 38℃，这两个温度最适宜面包面团的基础发酵和最终发酵，精准的发酵温度，让制作面包变得更加简单，也更容易成功。

柏翠 PE5359WT 烤箱

柏翠 PE9600WT 静音面包机

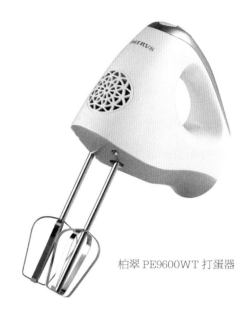

柏翠 PE9600WT 打蛋器

面包机

　　面包机是一种多功能厨房电器，可用于和面、发酵面团、烤制面包、煮果酱、炒肉松等，是烘焙达人的理想助手。面包机可以帮助我们解放双手，缩短烘焙时间。现在的面包机还可以配冰淇淋桶，用于制作冰淇淋。我用的是柏翠 PE9600WT 静音面包机，用面包机揉面团，只需设定好时间，投入材料，面团即可达到所需的状态，真是太方便了。对于新手来说，要想尽早挑战面包，其实只需要一台面包机而已。

柏翠 PE9600WT 静音面包机

❹ 基本打发技巧

打发是西点制作中的基本技巧，大多数的西点制作会用到打发，打发包括打发黄油、打发奶油、打发全蛋及蛋白等。

打发黄油

黄油（Butter）是把新鲜牛奶加以搅拌之后将上层的浓稠状物体滤去部分水分之后的产物。黄油色泽浅黄，质地均匀细腻，气味芬芳诱人，广泛用于饼干、面包、蛋糕以及其他各种小甜点的制作。我们在制作饼干、重油蛋糕、马芬蛋糕、蛋挞等西点时，都需要打发黄油，这是为了使黄油饱含空气，并使黄油和鸡蛋能混合均匀。在烘焙时一般选择无盐黄油。

黄油有室温软化和加热至完全融化两种处理方式：

软化黄油：

黄油的熔点在30℃左右，一般需要冷藏保存，冷藏后的黄油质地很硬，直接打发的效果不会很好。

室温软化以用手指轻压可以压出凹陷为宜。

融化黄油：

一般指隔热水直接将黄油加热成液态。

○┈ 黄油打发过程 ┈┈┈┈┈┈┈┈┈┈┈┈┈┈┈┈┈┈┈┈┈┈┈┈┈•

1. 无盐黄油切丁，室温软化。

2. 打蛋器设中速，把无盐黄油打至顺滑。

3. 加入细砂糖，继续打发。

4. 打发至黄油体积变大、膨松发白、呈羽毛状即可。

TIPS

软化的程度以手指能在黄油上压出凹陷为宜。

打发淡奶油

淡奶油一般指可以打发和裱花用的动物奶油，因为不含糖，所以称为淡奶油。淡奶油打发成固体状时可用于蛋糕装饰，打发淡奶油时需要加入细砂糖。

○ 淡奶油打发过程

准备

淡奶油需提前冷藏一晚。打发时室温应保持在24℃以下（最好在20℃左右），天气热时需开空调或坐冰水打发。

1.打蛋盆需保持干净，无水无油。淡奶油中加入细砂糖后，用电动打蛋器低速打发。

2.提起打蛋头，滴落的淡奶油能在表面保持3～5秒且表面略有纹路。

TIPS 此状态适于制作慕斯蛋糕。

3.继续低速打发，搅拌时会感觉阻力变大，淡奶油纹路变得很明显。提起打蛋头后，奶油呈短小直立的尖角。

TIPS

此状态适于制作淡奶油裱花、蛋糕抹面及蛋糕卷夹馅等。

TIPS

打发好的奶油最好能立即用完，时间太长、隔夜或放入冰箱后再次使用，均不能达到理想效果。

淡奶油打发过头：即奶油与水分离，呈豆腐渣状，无法挺立造型，这时的奶油就不能用于装饰蛋糕了，但仍可用于西点的调味，例如制作奶油玉米浓汤等。

淡奶油的保质期：开封前放冰箱冷藏可以保存半年，如果开封以后只能保存一星期左右。

打发蛋白

打发蛋白，是制作戚风或部分海绵蛋糕的关键步骤。蛋糕出现膨胀不起来，或放置一段时间后回缩等问题，或多或少都与蛋白打发不到位有关。

打发蛋白的几个关键：

❶ 打蛋盆需保持干净，无水无油。

❷ 鸡蛋一定要新鲜。分离蛋白要彻底，不能带有一点蛋黄。

❸ 细砂糖会减慢蛋白质的变性，令蛋白不容易起泡。但是，它可以使打好的蛋白泡沫更稳定，不加细砂糖打发的蛋白很容易消泡。因此，在蛋白打发过程中，细砂糖要分三次加入，一下子加入大量细砂糖，会增加打发的难度。

❹ 打发的蛋白最好是经过冷冻的，此时打发可以提高蛋白的稳定性，打出的蛋白霜更细腻。将分离好的蛋白放入冰箱冷冻室（10 ~ 15 分钟），待盆边结冰渣后即可取出用于打发。

1 分离蛋白

1-1. 分离出蛋白，放入冰箱冷冻至盆边结薄冰（10 ~ 15 分钟）。

2 打出鱼眼泡

2-1. 用打蛋器中速打发，打至蛋白出现鱼眼气泡时，加入1/3 的细砂糖。

3 ○ 打出细泡

3-1. 继续打发，打至蛋白气泡变小变细腻后，再加入 1/3 的细砂糖。

3-2. 待打至蛋白有纹路后，加入剩下的细砂糖。

4 ○ 八分发

4-1. 转低速继续打发，打至打蛋头从蛋白霜中拉起时，盆中的蛋白弯曲超过 90°。

TIPS

此状态为八分发，也叫湿性发泡，适用于制作蛋糕卷和轻乳酪蛋糕。

5 ○ 九分发

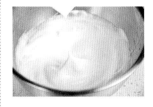

5-1. 继续打发，打至打蛋头从蛋白霜中拉起时，盆中的蛋白有小弯钩，弯曲程度小于 90°。

TIPS

此状态为九分发，也叫中性发泡，适用于制作中空戚风蛋糕。

6 ○ 完全打发

6-1. 继续打发，打至打蛋头从蛋白霜中拉起时，有短小直立的小尖角。

TIPS

此状态为完全打发，也叫干性发泡，适用于制作戚风蛋糕。

打发全蛋

打发全蛋就是用整个鸡蛋（蛋白和蛋黄）作为原料，再用打蛋器打至膨发的状态。全蛋打发最常见的是用于海绵蛋糕的制作。

打发全蛋的几个关键：

❶ 打蛋盆需保持干净，无水无油。

❷ 鸡蛋要新鲜，全蛋液要保持常温，此状态有助于打发，提高稳定性。冰箱取出的鸡蛋一定要先放至常温。

❸ 细砂糖要一次全部加入。

❹ 打蛋盆坐45℃左右的热水打发，此温度有助于打发及保持稳定性，打发效率最高。

○ 全蛋打发过程

1. 全蛋液中加入细砂糖。

2. 打蛋盆坐45℃的热水，用电动打蛋器中高速打散。

3. 打至全蛋液发白、体积变大、没有大气泡时，可离开热水盆。

4. 转低速后，继续打发，至提起打蛋头画"8"字，能保持3秒不消失，或蛋液滴落后能堆起保持几秒钟、再慢慢还原的状态即可。

TIPS

如果后续制作还需要翻拌蛋糊，建议全蛋打发成功后再多打一小会儿，因为全蛋打发很容易消泡，导致蛋糕长不高，所以多打一会儿可以打出更多的气泡。但是也要注意不要打过头。

PART 2

新手也能从容上阵的

超简单饼干

★ 新手推荐 ★

健康无油核桃酥

蔓越莓饼干

抹茶杏仁饼干

1

新手推荐

无需打发的
超简单饼干

 准备工作

搅拌面糊

造型

烘烤

健康无油核桃酥

烘焙温度：180℃，上下火，中层

烘焙时间：20分钟

成品数量：约8个

Candy 小语

　　这款核桃酥的制作非常简单，因为它不需要我们打发黄油或蛋液，只需要做简单的搅拌。加入材料，搅一搅，拌一拌，送入烤箱，香酥的核桃酥就出炉啦！这款饼干最适合新手上路，成功率百分百哦！

材料准备

低筋面粉100克，色拉油55克，细砂糖50克，全蛋液15克，核桃仁30克，泡打粉1克，小苏打1克

操作准备

❶ 低筋面粉、泡打粉、小苏打混合过筛，成混合粉备用。

❷ 全蛋液打散。

❸ 核桃仁切碎备用。

> **TIPS**
>
> 如果是生的核桃，需要事先放置烤箱中层，上下火150°，烤7分钟，烤出香味再切碎，这样成品才会更香。

1 ○ 搅拌面糊

1-1.色拉油中加入细砂糖，用手动打蛋器充分搅拌。

1-2.搅拌至细砂糖溶化后，加入全蛋液搅拌均匀。

1-3. 将过好筛的混合粉加入搅拌好的蛋液里，用刮刀混合均匀。

1-4. 将切碎的核桃仁加入面糊里，用刮刀拌匀。

TIPS 拌好的面团必须有比较湿润的感觉，不能太干，烤出来的核桃酥才够酥。如果面团较干，可适量添加色拉油。

2 ○ 造型烘烤

2-1. 取约30克面糊，用手压扁，稍整形成圆形，均匀地放在不粘烤盘上。剩余的面糊依次压扁放好。

TIPS 每个核桃酥坯之间要留有间距，以免烘烤的过程中因受热膨胀而挤压变形。

2-2. 放入预热好的烤箱里，烤至核桃酥表面呈金黄色即可。

TIPS 180℃，上下火，烤箱中层，烤20分钟。如果做的核桃酥个头比较大，可适当多烤一会儿。

2

打发黄油
+
搅拌全蛋面糊

准备工作　　打发黄油　　搅拌面糊　　烘烤

搅拌　　　　造型
全蛋液

新手推荐

蔓越莓饼干

烘焙温度：180℃，上下火，中层

烘焙时间：20分钟

成品数量：约25块

Candy 小语

　　这款饼干用的蛋液量少，加入黄油中打发时，不用担心鸡蛋液和黄油乳化不彻底，所以成功率很高，也非常适合新手来制作。蔓越莓干也可以用其他果干代替，例如葡萄干、糖渍橙皮等。举一反三，就可以变幻出不同口味的美味小点哦！

材料准备

低筋面粉 180 克，无盐黄油 120 克，糖粉 60 克，全蛋液 25 克，蔓越莓干 50 克，盐 0.5 克，香草精几滴

特殊工具准备

U 形不粘饼干模

操作准备

❶ 无盐黄油切粒，放室温中软化。

❷ 低筋面粉过筛备用。

❸ 全蛋液打散。

扫码观看 U 形
不粘饼干模的使用

1 ○ 打发黄油

1-1. 无盐黄油软化后加入糖粉，用电动打蛋器充分打发。

1-2. 加入盐，打发至体积变大，呈膨松发白的羽毛状。

2 ○ 搅拌全蛋液

2-1. 分三次加入全蛋液。每加入一次都要搅拌均匀至完全吸收，再加入下一次。

2-2. 加入香草精，搅拌均匀。

3 搅拌面糊

3-1.加入过好筛的低筋面粉，用刮刀混合均匀。

4 加入配料

4-1.加入蔓越莓干，用刮刀搅拌均匀。

5 造型烘烤

5-1.饼干模里铺上油纸，将面团放入其中整形，然后放入冰箱冷冻2小时。

5-2.取出冷冻好的面团，切3～5毫米厚的片，放在不粘烤盘上。

TIPS 每个饼干坯之间要留有间距，以免烘烤过程中饼干坯因受热膨胀而挤压变形。

5-3.烤盘放入预热好的烤箱里，烤至饼干呈金黄色即可。

TIPS

180℃，上下火，烤箱中层，烤20分钟。

抹茶杏仁饼干

烘焙温度：180℃，上下火，中层

烘焙时间：20 分钟

成品数量：约 25 块

Candy 小语

　　此款饼干的成功率也很高，很适合新手上手。因为加入鸡蛋的量少，所以也不用担心鸡蛋和黄油乳化不彻底的问题。这款饼干添加了杏仁粉，口感酥脆。如果没有杏仁粉，可用低筋面粉代替。

材料准备

无盐黄油 120 克，低筋面粉 150 克，糖粉 60 克，盐 0.5 克，香草精几滴，全蛋液 25 克，抹茶粉 10 克，杏仁粉 20 克，杏仁片 50 克

特殊工具准备

U 形不粘饼干模

操作准备

❶ 无盐黄油切粒，室温中软化。

❷ 低筋面粉过筛备用。

❸ 全蛋液打散。

1 　 打发黄油

1-1.无盐黄油软化后加入糖粉，用电动打蛋器充分打发。

1-2.加入盐，打发至体积变大，呈膨松发白的羽毛状。

2 　 搅拌全蛋液

2-1.分三次加入全蛋液。每加入一次都要搅拌均匀至完全吸收，再加入下一次。

3 加入配料

3-1. 加入香草精搅拌均匀。

3-2. 加入抹茶粉搅拌均匀。

4 搅拌面糊

4-1. 加入低筋面粉，用刮刀混合均匀。

4-2. 加入杏仁片和杏仁粉，用刮刀搅拌均匀。

5 面团整形

 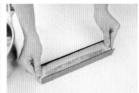

5-1. 饼干模里铺上油纸，将面团放入其中压平整形，然后放入冰箱冷冻 2 小时。

6 入箱烘烤

6-1. 取出冷冻好的面团，切3 ~ 5 毫米厚的片，放在不粘烤盘上。

6-2. 烤盘放入预热好的烤箱里，烤至表面呈金黄色即可。

TIPS 每个饼干坯之间要留有间距，以免烘烤的过程中饼坯因受热膨胀而挤压变形。

180℃，上下火，烤箱中层，烤 20 分钟。

扫码观看抹茶杏仁饼干制作

饼干机曲奇

烘焙温度：180℃，上下火，中层

烘焙时间：20 分钟

成品数量：约 30 块

材料准备

低筋面粉 200 克，无盐黄油 140 克，糖粉 65 克，全蛋液 50 克，香草精几滴

特殊工具材料

曲奇饼干枪

操作准备

❶ 无盐黄油切粒，室温中软化。

❷ 低筋面粉过筛备用。

❸ 全蛋液打散。

1 ○ 打发黄油

1–1.无盐黄油软化后加入糖粉，用电动打蛋器充分打发，打发至体积变大、呈膨松发白的羽毛状。

TIPS

黄油不要打过。打发和搅拌过程控制在 4 ~ 7 分钟即可。

1–2.加入香草精，搅拌均匀。

2 ○ 搅拌全蛋液

2–1.分三次加入全蛋液。每加入一次都要搅拌均匀至完全吸收，再加入下一次。

TIPS 全蛋液加入黄油的时候，一定要分次加入，且每加入一次都要搅拌均匀至完全吸收，再加入下一次，以免出现蛋油分离。

3 搅拌面糊

3-1. 加入低筋面粉，用刮刀混合均匀。

TIPS

此步骤用30克可可粉代替等量面粉，就可以制作出巧克力口味的曲奇。

4 造型烘烤

4-1. 搅拌好的面糊装入曲奇饼干枪中，均匀地挤在不粘烤盘上。

TIPS 每个饼干坯之间要留有间距，以免烘烤过程中饼干坯因受热膨胀而挤压变形。

4-2. 烤盘放入预热好的烤箱里，烤至曲奇表面呈金黄色即可。

TIPS 180℃，上下火，烤箱中层，烤20分钟。

曲奇烤制时间短，容易烤糊，所以最后几分钟一定要在旁边看着，烤到自己喜欢的成色即可拿出来。

字母饼干

烘焙温度：180℃，上下火，中层

烘焙时间：20分钟

成品数量：约22块

材料准备

低筋面粉200克，无盐黄油100克，细砂糖50克，糖粉15克，盐0.5克，全蛋液30克，香草精几滴

特殊工具准备

字母符号饼干印章模

操作准备

❶ 无盐黄油切粒，室温中软化。

❷ 低筋面粉过筛备用。

❸ 全蛋液打散。

1 ○ 打发黄油

1–1. 无盐黄油软化后加入细砂糖、糖粉和盐，用电动打蛋器充分打发至呈膨松发白的羽毛状。

2 ○ 搅拌全蛋液

2–1. 分三次加入全蛋液。每加入一次都要搅拌均匀至完全吸收，再加入下一次。

2–2. 加入香草精，搅拌均匀。

3 ○ 搅拌面糊

3-1. 加入低筋面粉，用刮刀混合均匀。

4 ○ 面团造型

4-1. 将面团松弛一会儿，放在保鲜膜或保鲜袋上，擀成5毫米厚的面片，用不同饼干模压出各种形状。

TIPS 面团擀之前要松弛一会儿，不然擀开和用模具刻形状的时候容易回缩。

4-2. 再用字母饼干印章模在切好的饼干上印出字母、数字符号。

5 ○ 入箱烘烤

5-1. 把整好形的饼坯放在不粘烤盘上，松弛一会儿。

TIPS 用模具刻好饼干后，为了避免浪费，剩下的面团揉匀，静置松弛20分钟，再重新擀开，可以再做几块饼干。烤之前也松弛一会儿，不然饼干在烤制时容易变形。

每个饼坯之间要留有间距，以免烘烤过程中因受热膨胀而挤压变形。

5-2. 放入预热好的烤箱里，烤至饼干表面呈金黄色即可。

TIPS

180℃，上下火，烤箱中层，烤20分钟。

海盐巧克力曲奇

烘焙温度：180℃，上下火，中层
烘焙时间：15分钟
成品数量：约8块

材料准备

低筋面粉 55 克，中筋面粉 50 克，无盐黄油 72 克，黑巧克力 80 克，细砂糖 30 克，红糖 50 克，海盐 2 克，全蛋液 30 克，香草精 1.25 克，小苏打 1 克，泡打粉 1.5 克，夏威夷果 25 克

操作准备

❶ 无盐黄油切颗粒，在室温中软化。

❷ 低筋面粉、中筋面粉、小苏打、泡打粉混合过筛备用。

❸ 全蛋液打散。

❹ 黑巧克力和夏威夷果切碎。

1 ○ 打发黄油

 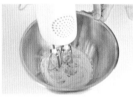

1-1. 无盐黄油加入细砂糖和红糖，用电动打蛋器充分打发。

1-2. 加入海盐，打发至体积变大，呈膨松发白的羽毛状。

TIPS

黄油不要打过，打发和搅拌过程控制在 4 ~ 7 分钟即可。

2 ○ 搅拌全蛋液

2-1. 分三次加入全蛋液。每加入一次都要搅拌均匀至完全吸收，再加入下一次。

TIPS 全蛋液加入黄油的时候，一定要分次加入，且每加入一次都要搅拌均匀至完全吸收，再加入下一次，以免出现蛋油分离。

2-2. 加入香草精，搅拌均匀。

3 搅拌面糊

3-1.加入过好筛的混合粉，用刮刀混合均匀。

4 加入配料

4-1.把切好的黑巧克力碎和夏威夷果碎加入面糊里，用刮刀拌匀。

4-2.覆盖保鲜膜，放入冰箱冷藏 2 小时以上。

TIPS

如果时间充足，做好的面团最好覆盖保鲜膜冷藏 24 ~ 72 小时，风味更佳。

5 造型烘烤

5-1.取出冷藏好的面团，用挖球器挖成球状（约 50 克一个）放在不粘烤盘上。

TIPS

每个曲奇坯之间要留有间距，以免烘烤过程中因受热膨胀而挤压变形。

5-2.烤盘放入预热好的烤箱里，烤至曲奇表面呈金黄色即可。

TIPS 180℃，上下火，烤箱中层，烤 15 分钟。

扫码观看海盐
巧克力曲奇制作

淡奶油曲奇

烘焙温度：180℃，上下火，中层

烘焙时间：20分钟

成品数量：约20块

材料准备

低筋面粉 100 克，无盐黄油 60 克，淡奶油 50 克，糖粉 35 克，盐 0.5 克，香草精几滴

特殊工具准备

裱花袋中装入裱花嘴（展艺 ZY7290 花嘴）

操作准备

❶ 无盐黄油切粒，室温中软化。

❷ 低筋面粉过筛备用。

❸ 淡奶油隔热水加热到 25℃左右，并注意保持此温度备用。

1 ○ 打发黄油

1-1.无盐黄油软化后加入糖粉，用电动打蛋器充分打发。

1-2.加入盐后打发至体积变大，呈膨松发白的羽毛状。

TIPS

黄油不要打过，打发和搅拌过程控制在 4 ~ 7 分钟即可。

1-3.加入香草精，搅拌均匀。

2 ○ 搅拌淡奶油

2-1.分三次加入淡奶油。每加入一次都要搅拌均匀至完全吸收，再加入下一次。

TIPS

淡奶油加入黄油的时候，一定要分次加入，且每加入一次都要搅拌至完全吸收，以免出现蛋油分离。

3 搅拌面糊

3-1. 加入低筋面粉，用刮刀混合均匀。

TIPS

用 15 克可可粉代替等量面粉，就可以制作出巧克力口味的曲奇。

4 造型烘烤

4-1. 将面糊装入准备好的裱花袋中，均匀地挤在不粘烤盘上。

TIPS

每个曲奇坯之间要留有间距，以免烘烤过程中因受热膨胀而挤压变形。

4-2. 烤盘放入预热好的烤箱里，烤至曲奇表面呈金黄色即可。

TIPS

180℃，上下火，烤箱中层，烤20分钟。

4-3. 取出后置于晾网上放凉。

TIPS 曲奇烤制时间短，容易烤煳，所以最后几分钟一定要在旁边看着，烤到自己喜欢的成色即可取出。

扫码观看淡奶油曲奇制作

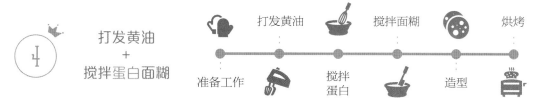

樱花曲奇

烘焙温度：180℃，上下火，中层

烘焙时间：15分钟

成品数量：约35块

材料准备

低筋面粉 145 克，无盐黄油 125 克，糖粉 50 克，盐 0.5 克，蛋白 32 克，香草精几滴

特殊工具准备

裱花嘴装入裱花袋（展艺 ZY7222 花嘴）

操作准备

❶ 无盐黄油切粒，室温中软化。

❷ 低筋面粉过筛备用。

1 ○ 打发黄油

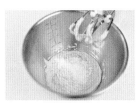 

1-1. 无盐黄油软化后加入糖粉，用电动打蛋器充分打发。

1-2. 加入盐，打发至黄油体积变大，呈膨松发白的羽毛状。

TIPS 黄油不要打过，打发和搅拌过程控制在 4 ~ 7 分钟即可。

2 ○ 搅拌蛋白

2-1. 分三次加入蛋白。每加入一次都要搅拌均匀至完全吸收，再加入下一次。

TIPS 蛋白加入黄油的时候，一定要分次加入，且每加入一次都要搅拌均匀至完全吸收，再加入下一次，以免出现蛋油分离。

3 ○ 搅拌面糊

3-1. 加入香草精，搅拌均匀。

3-2. 加入低筋面粉，用刮刀混合均匀。

TIPS

用 15 克可可粉代替等量面粉，就可以制作出巧克力口味的曲奇。

4 造型烘烤

4-1. 面糊装入准备好的裱花袋里。

4-2. 均匀地挤在不粘烤盘上。

TIPS 每个曲奇坯之间要留有间距，以免烘烤过程中曲奇坯因受热膨胀而挤压变形。

5 入箱烘烤

5-1. 烤盘放入预热好的烤箱里，烤至曲奇表面呈金黄色即可。

TIPS 180℃，上下火，烤箱中层，烤15分钟。

曲奇烤制时间短，容易烤煳，所以最后几分钟一定要在旁边看着，烤到自己喜欢的成色即可拿出来。

可可维也纳曲奇

烘焙温度：180℃，上下火，中层

烘焙时间：15 分钟

成品数量：约 20 块

材料准备

低筋面粉 130 克，无盐黄油 125 克，糖粉 55 克，盐 0.5 克，蛋白 32 克，可可粉 15 克

特殊工具准备

裱花袋中装入裱花嘴（展艺 ZY60001 花嘴）

操作准备

❶ 无盐黄油切粒，室温中软化。

❷ 低筋面粉、可可粉混合过筛备用。

1 ○ 打发黄油

1-1. 无盐黄油软化后加入糖粉，用电动打蛋器充分打发。

1-2. 再加入盐，打发至体积变大，呈膨松发白的羽毛状。

TIPS 黄油不要打过，打发和搅拌过程控制在 4～7 分钟即可。

2 ○ 搅拌蛋白

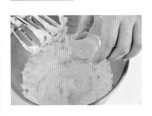

2-1. 分三次加入蛋白，每加入一次都要搅拌均匀至完全吸收，再加入下一次。

TIPS 蛋白加入黄油的时候，一定要分次加入，且每加入一次都要搅拌均匀至完全吸收，再加入下一次，以免出现蛋油分离。

3 搅拌面糊

3-1. 将过好筛的低筋面粉、可可粉加入打发好的黄油里，用刮刀混合均匀。

4 造型烘烤

4-1. 搅拌好的面糊装入准备好的裱花袋里，均匀地挤在不粘烤盘上。

TIPS 每个曲奇坯之间要留有间距，以免曲奇坯在烘烤过程中因受热膨胀而挤压变形。

4-2. 烤盘放入预热好的烤箱里，烤至曲奇表面呈金黄色即可。

TIPS 180℃，上下火，烤箱中层，烤15分钟。

曲奇烤制时间短，容易烤糊，最后几分钟一定要在烤箱旁边看着，烤到自己喜欢的成色即可拿出来。

扫码观看可可
维也纳曲奇制作

打发黄油
+
搅拌蛋黄面糊

 打发黄油　　 搅拌面糊　　 烘烤

准备工作　　 搅拌
蛋黄　　 造型　　

乳酪奶油夹心酥饼

烘焙温度：180℃，上下火，中层

烘焙时间：20分钟

成品数量：约12组

材料准备

[饼坯材料] 无盐黄油 60 克，低筋面粉 130 克，糖粉 60 克，蛋黄 1 个，椰蓉 20 克

[奶油夹心材料] 无盐黄油 15 克，糖粉 22 克，奶油奶酪 50 克

特殊工具准备

U 形不粘饼干模，裱花袋

操作准备

❶ 无盐黄油切粒，奶油奶酪切粒，室温中软化。❷ 低筋面粉过筛备用。❸ 蛋黄打散。

1 ◦ 打发黄油

1–1. 无盐黄油软化后加入糖粉，用电动打蛋器充分打发至黄油体积变大，呈膨松发白的羽毛状。

TIPS 黄油不要打过，打发和搅拌过程控制在 4 ~ 7 分钟即可。

2 ◦ 搅拌蛋黄

2–1. 分三次加入蛋黄液。每加入一次都要搅拌均匀至完全吸收，再加入下一次。

TIPS 蛋黄加入黄油的时候，一定要分次加入，且每加入一次都要搅拌均匀至完全吸收，再加入下一次，以免出现蛋油分离。

3 ◦ 加入配料

3–1. 加入香草精，搅拌均匀。

3–2. 加入椰蓉，搅拌均匀。

4 ◦ 搅拌面糊

4–1. 加入过好筛的低筋面粉，用刮刀混合均匀。

5 ○ 造型烘烤

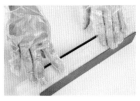

5-1.U 形饼干模里铺上油纸，将面团放入其中整形，然后放入冰箱冷冻 2 小时。

5-2.取出冷冻好的面团，切成 3 ~ 5 毫米厚的片，放在不粘烤盘上，然后将烤盘放入预热好的烤箱里，烤至酥饼表面呈金黄色即可。

TIPS 180℃，上下火，烤箱中层，烤20分钟。

每个饼坯之间要留有间距，以免烘烤的过程中受热膨胀而挤压变形。

曲奇烤制时间短，容易烤煳，所以最后几分钟一定要在烤箱旁边看着，烤到自己喜欢的成色即可拿出来。

6 ○ 制作奶油夹心

 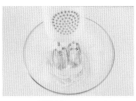

6-1.无盐黄油软化后加入糖粉，用电动打蛋器充分打发。

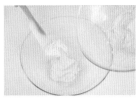 

6-2.加入软化好的奶油奶酪，用刮刀拌匀。

6-3.奶油夹馅装入裱花袋，在裱花袋顶端剪一个小口，把夹馅挤在一片酥饼上，再盖上另一片酥饼即可。

TIPS 饼干夹馅后，可放入冰箱冷藏，密封保存，口味更佳。

卡通饼干

烘焙温度：180℃，上下火，中层

烘焙时间：15分钟

成品数量：约10块

材料准备

［饼坯材料］低筋面粉83克，无盐黄油50克，糖粉40克，蛋黄1个，香草精几滴，可可粉3克

［糖霜材料］糖粉100克，蛋白粉4克，水15克，色素适量

特殊材料准备

卡通动物组合模具

操作准备

❶ 无盐黄油切粒，室温中软化。

❷ 低筋面粉过筛备用。

❸ 蛋黄打散。

1 ○ 打发黄油

1-1. 无盐黄油软化后加入糖粉，用电动打蛋器充分打发。

1-2. 打发至体积变大，呈膨松发白的羽毛状。

2 ○ 搅拌蛋黄

2-1. 分三次加入蛋黄液，每加入一次都要搅拌均匀至完全吸收，再加入下一次。

2-2. 加入香草精，搅拌均匀。

3 ○ 加入面粉

3-1. 加入 80 克过筛的低筋面粉，用刮刀混合均匀。

3-2. 面团均分成 2 份。

3-3.分别加入剩余的低筋面粉和可可粉，搅拌均匀。

3-4.完成两种颜色的饼干面团。

4 造型烘烤

4-1.面团放在保鲜袋或保鲜膜中，擀成3~5毫米厚的面片，用饼干模压出卡通形状。

TIPS

面团擀之前要松弛一会儿，不然擀开和用模具刻形状的时候容易回缩。

4-2.将压出的动物面片组合在一起，成为动物卡通饼干。

4-3.把动物卡通饼干坯放在不粘烤盘上。每个饼干坯之间要留有间距，以免烘烤过程中因受热膨胀而挤压变形。

TIPS *同样，烤之前也让饼坯松弛一会儿，不然烤制时容易变形。*

用模具刻好饼干后，为了避免浪费，可将剩下的面团揉匀，静置松弛20分钟，再重新擀开，可以多做几块饼干。

4-4.烤盘放入预热好的烤箱里，烤至饼干表面呈金黄色即可。

TIPS 180℃，上下火，烤箱中层，烤15分钟。

饼干大小和形状都不一样，烘烤时要注意观察，先烤好的饼干要先取出，以免部分饼干被烤糊。

5 ○ 糖霜装饰

5-1.糖粉和蛋白粉混合过筛后，加入水。

5-2.用电动打蛋器将糖霜打至均匀发白。

5-3.分别取适量糖霜，加入不同颜色的色素，用抹刀搅拌均匀。

5-4.分别装入裱花袋。

5-5.用糖霜装饰烤好的饼干即可。

情人节饼干

烘焙温度：180℃，上下火，中层

烘焙时间：15分钟

成品数量：约6组

材料准备

［饼坯材料］低筋面粉 80 克，无盐黄油 50 克，糖粉 40 克，蛋黄 1 个，可可粉 10 克

［糖霜材料］糖粉 100 克，蛋白粉 4 克，水 15 克，色素适量

特殊工具准备

心形饼干模具

操作准备

❶ 无盐黄油切颗粒，放室温中软化。

❷ 低筋面粉和可可粉混合过筛，备用。

❸ 蛋黄打散。

1 ○ 打发黄油

1-1. 无盐黄油软化后加入糖粉，用电动打蛋器充分打发。

2 ○ 搅拌蛋黄

2-1. 分三次加入蛋黄液。每加入一次都要搅拌均匀至完全吸收，再加入下一次。

3 ○ 搅拌面糊

3-1. 加入过好筛的低筋面粉和可可粉，用刮刀混合均匀，放入冰箱冷藏 1 小时。

4 面团造型

4-1.将面团取出，放在保鲜袋或保鲜膜上，擀成5毫米厚的面片。

4-2.用饼干模压出爱心的形状。把压好形状的饼干坯放在不粘烤盘上。

TIPS

每个饼干坯之间要留有间距，以免烘烤过程中饼干坯因受热膨胀而挤压变形。

4-3.烤盘放入预热好的烤箱里，烤至饼干表面呈金黄色即可。

TIPS

180℃，上下火，烤箱中层，烤15分钟。

5 调制糖霜

5-1.糖粉和蛋白粉混合过筛后，加入水。

5-2.用电动打蛋器打至均匀发白。

5-3.分别取适量的糖霜，加入不同颜色的色素后，用抹刀搅拌均匀，再分几次滴入几滴水，搅匀，装入裱花袋。

TIPS 要涂抹好表面的糖霜，需适量加几滴水（分多次加入），搅匀后再装入裱花袋。

表面装饰

6-1. 用白色糖霜在饼干边沿勾出外框，再用粉色糖霜填充。

6-2. 在心形糖霜表面挤上装饰性的白色圆点。

6-3. 待糖霜干透后，在心形边沿均匀挤上小圆点。

6-4. 取粉色糖霜，在饼干表面写英文字母"LOVE"。

6-5. 另取一块饼干，涂上糖霜，中间放一根棒棒糖纸棍。

6-6. 上面盖上装饰好的饼干，完成一块饼干装饰。

6-7. 另取心形饼干，用白色糖霜在饼干边沿勾出外框，再用红色糖霜填充。

6-8. 在心形表面挤一圈白色圆点，用牙签挑成爱心的形状，完成另一块饼干装饰。

PART 3

最能打动你柔软内心的

酥软蛋糕

★ 新手推荐 ★

布朗尼

云石蛋糕

红丝绒玛德琳蛋糕

红丝绒杯子蛋糕

大理石芝士蛋糕

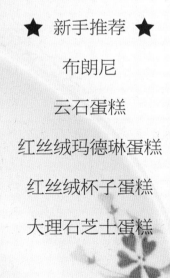

1

新手推荐

无需打发的
超简单蛋糕

● 准备工作

● 搅拌蛋糕糊

● 造型

● 烘烤

布朗尼

烘焙温度：180℃，上下火，中层
烘焙时间：20分钟
成品数量：约9块

Candy 小语

　　这款蛋糕制作简单，不需要打发，成功率极高，最适合新手用来练手。黑巧克力要选用浓度70%以上的，蛋糕味道会更浓郁。

材料准备
黑巧克力50克，无盐黄油90克，全蛋1个，细砂糖55克，低筋面粉48克，核桃50克

特殊工具准备
15厘米×15厘米蛋糕模具

操作准备
❶ 无盐黄油室温软化备用。

❷ 低筋面粉过筛备用。

❸ 鸡蛋放至室温备用。（鸡蛋需要放至室温，冷藏的鸡蛋会让面糊凝固，影响成品口感）

❹ 黑巧克力隔温水融化。

❺ 核桃用烤箱160℃烤8分钟至出香味，切碎备用。

1 搅拌蛋糕糊

1-1. 无盐黄油软化后用刮刀搅拌均匀，至微微发白即可。

1-2. 加入融化的黑巧克力，搅拌均匀。

1-3. 加入细砂糖，搅拌均匀。

1-4. 加入全蛋液，搅拌均匀。

1-5. 加入低筋面粉，搅拌均匀。

1-6. 加入烤过的核桃碎，搅拌均匀。完成蛋糕面糊。

2 ○ 入模烘烤

2-1. 面糊倒入模具，放入预热好的烤箱烘烤。

2-2. 蛋糕出炉后平放晾网，冷却后放入冰箱冷藏后食用。

TIPS 180℃，上下火，烤箱中层，烤20分钟。

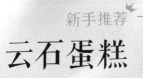

云石蛋糕

烘焙温度：180℃，上下火，中层

烘焙时间：15分钟

成品数量：6个

材料准备

低筋面粉 70 克， 无盐黄油 45 克，全蛋液 40 克，细砂糖 55 克，泡打粉 3 克，牛奶 70 克，可可粉 5 克

特殊工具准备

6 连中空蛋糕模

操作准备

❶ 无盐黄油室温软化。

❷ 低筋面粉和泡打粉混合过筛备用。

❸ 鸡蛋放至室温备用。

1 ○╌ 搅拌蛋糕糊

1-1. 无盐黄油中加入细砂糖，用手动打蛋器充分搅匀。

TIPS

黄油放至室温软化，更容易打发。

1-2. 黄油中分三次加入全蛋液，每加入一次都要搅拌均匀至完全吸收，再加入下一次。

TIPS 鸡蛋要放至室温。全蛋液加入黄油的时候，一定要分次加入，且每加入一次都要搅拌均匀至完全吸收，再加入下一次，以免出现蛋油分离。

1-3. 分三次加入牛奶，每加入一次都要搅拌均匀至完全吸收，再加入下一次。

1-4.加入过筛的低筋面粉和泡打粉，搅拌均匀至蛋糕糊有光泽。

TIPS 低筋面粉和泡打粉混合过筛一次，搅拌出的蛋糕糊才细腻均匀。

1-5.蛋糕糊分成两份，其中一份加入可可粉搅拌均匀。

TIPS

可可粉换成抹茶粉，就可制作抹茶味的云石蛋糕。

1-6.黑白两份蛋糕糊分别装入准备好的裱花袋。

2 入模烘烤

2-1.两份面糊错开颜色，分别挤入模具做成云石效果，然后放入预热好的烤箱烘烤。

TIPS

180℃，上下火，烤箱中层，烤15分钟。

2-2.蛋糕出炉后倒扣在晾网上冷却脱模。

扫码观看云石蛋糕
制作

红丝绒玛德琳蛋糕

烘焙温度：180℃，上下火，中层

烘焙时间：15分钟

成品数量：12个

Candy 小语

　　玛德琳蛋糕是一种法国风味的小甜点，又叫贝壳蛋糕，据说是以一个制作它的女仆的名字来命名的。制作好的玛德琳蛋糕可常温密封保存 3 ~ 5 天。

材料准备

[蛋糕材料] 低筋面粉 55 克，无盐黄油 60 克，全蛋液 50 克，细砂糖 50 克，香草精几滴，红丝绒液 2.5 克，泡打粉 2 克，盐 0.3 克，可可粉 5 克

[装饰材料] 白巧克力少许，装饰糖珠适量

特殊工具准备

8 连玛德琳蛋糕模

操作准备

❶ 无盐黄油室温软化。

❷ 低筋面粉、泡打粉和可可粉混合过筛备用。

❸ 鸡蛋放至室温备用。

1 ○ 搅拌蛋糕糊

1-1. 无盐黄油隔温水融化。

 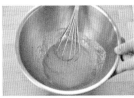

1-2. 全蛋液中加入细砂糖，用手动打蛋器搅拌均匀。

1-3. 加入香草精，搅拌均匀。
1-4. 加入盐，搅拌均匀。

1-5. 加入红丝绒液，搅拌均匀。

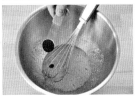

1-6.加入过筛的低筋面粉、泡打粉和可可粉，搅拌均匀。

TIPS

粉类一定要混合过筛一次，搅拌出来的面糊才均匀细腻。

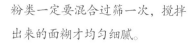

1-7.加入融化的无盐黄油，搅拌均匀。

2 ○ 造型烘烤

2-1.蛋糕糊装入裱花袋，裱花袋剪一小口，把蛋糕糊挤入模具。

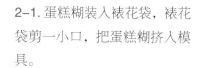

2-2.放入预热好的烤箱烘烤。

TIPS

180℃，上下火，烤箱中层，烤15分钟。

2-3.蛋糕出炉后倒扣在晾网上，冷却脱模。

3 ○ 表面装饰

3-1.白巧克力隔温水加热融化。把玛德琳的一端蘸上巧克力酱，然后撒上装饰糖珠。

扫码观看红丝绒玛德琳蛋糕制作

红丝绒杯子蛋糕

烘焙温度：165℃，上下火，中层

烘焙时间：28 分钟

成品数量：9 杯

材料准备

[蛋糕坯材料] 低筋面粉 170 克，可可粉 10 克，色拉油 145 克，全蛋液 55 克，蛋黄 1 个，细砂糖 90 克，香草精几滴，酸奶 112 克，红丝绒液 15 克，小苏打 1.5 克，柠檬汁 15 克

[奶油奶酪霜材料] 奶油奶酪 100 克，无盐黄油 100 克，细砂糖 25 克，红丝绒液几滴

特殊工具准备

裱花袋中装好裱花嘴（展艺 ZY7261 花嘴），12 连蛋糕模，蛋糕纸杯

操作准备

❶ 低筋面粉和可可粉混合过筛备用。

❷ 鸡蛋放至室温备用。

❸ 无盐黄油室温软化。

1 ○ 搅拌蛋糕糊

1-1. 色拉油中加入细砂糖，用手动打蛋器搅拌均匀。

1-2. 全蛋液和蛋黄分三次加入，搅拌均匀。

1-3. 加入红丝绒液，搅拌均匀。

TIPS

红丝绒液主要用来制作红丝绒蛋糕或代替红色色素。

1-4. 滴入香草精，搅拌均匀。

1-5. 分三次加入过好筛的低筋面粉和可可粉，用刮刀从盆底向上翻拌均匀。

1-6. 加入酸奶，搅拌均匀。

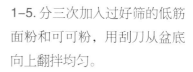

1-7. 小苏打中加入柠檬汁，搅拌均匀（会产生气泡）。

1-8. 小苏打液加入蛋糕糊中，用刮刀搅拌均匀。

2 入模烘烤

2-1. 蛋糕糊装入裱花袋，裱花袋剪一小口，把蛋糕糊挤入纸杯中。

2-2. 放入预热好的烤箱烘烤。

TIPS 165℃，上下火，烤箱中层，烤28分钟。

3 制作奶油奶酪霜

3-1. 无盐黄油中加入细砂糖，用电动打蛋器充分打发。

3-2. 奶油奶酪室温软化后，用电动打蛋器打散。

TIPS 奶油奶酪需要室温软化，这样才容易打顺滑。

3-3.打发好的无盐黄油平分三次加入奶油奶酪中，用刮刀拌匀，成奶油奶酪霜。

3-4.滴入几滴红丝绒液，搅拌均匀。

4

4-1.奶油奶酪霜装入准备好的裱花袋，在烤好的蛋糕上挤奶油花。

TIPS

制作好的奶油奶酪霜若用不完，可以密封冷冻保存15天，再次使用之前预先解冻再用打蛋器打顺滑。

大理石芝士蛋糕

烘焙温度：160℃，上下火，中下层

烘焙时间：水浴法 60 分钟

成品数量：6 寸（约 15 厘米）蛋糕 1 个

材料准备

奶油奶酪 250 克，细砂糖 40 克，蛋黄 1 个，鸡蛋 1 个，酸奶 100 克，玉米淀粉 10 克，柠檬汁 10 克，可可粉 1 克，消化饼干 100 克，无盐黄油 60 克

特殊工具准备

6 寸（约 15 厘米）蛋糕模底部铺油纸，外面包锡纸，备用。

操作准备

❶ 玉米淀粉过筛备用。

❷ 奶油奶酪室温软化。

❸ 消化饼干用料理机打碎备用。

1 ○ 制作饼干碎

1-1. 无盐黄油隔温水融化成液态。

1-2. 加入消化饼干碎，用勺子搅拌均匀，成饼干糊。

1-3. 将消化饼干糊平铺在蛋糕模底部。

2 ○ 搅拌蛋糕糊

2-1. 奶油奶酪加入细砂糖，用手动打蛋器搅拌均匀。

TIPS

奶油奶酪提前室温软化，这样才容易搅顺滑。

2-2. 加入酸奶和柠檬汁，搅拌均匀。

2-3.玉米淀粉过筛，加入奶油奶酪糊中搅拌均匀。

2-4.加入蛋黄和全蛋，搅拌均匀。

2-5.做好的奶油奶酪糊过筛一次。

3 ○ 入模烘烤

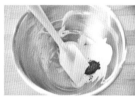

3-1.将奶油奶酪糊倒入铺好饼干糊底的模具。

3-2.留一点奶酪糊，加入可可粉，用刮刀搅拌均匀。

3-3.用勺子舀起可可奶酪糊，将其滴落在蛋糕表面，形成一个个圆。用牙签在可可奶酪糊的中心随意划圈形成大理石花纹。

TIPS 可可粉可换成抹茶粉，制作抹茶大理石花纹。

3-4.烤盘注水，放入预热好的烤箱中下层，把蛋糕置于烤盘中间，用水浴法烘烤。

TIPS 160℃，上下火，烤箱中下层，水浴法60分钟。

3-5.蛋糕出炉后放在晾网上，晾凉后脱模，放置于冰箱中冷藏后食用。

海绵蛋糕 VS 戚风蛋糕

海绵蛋糕（Plain Cake）相传起源于 15 世纪的西班牙，后来慢慢传入欧洲。直到 20 世纪 20 年代，戚风蛋糕（Chiffon Cake）才得以在美国问世，它革命性地将海绵蛋糕的全蛋打发改成了分蛋打发工艺，满足了所有挑剔的蛋糕爱好者的味蕾需求，因而迅速风靡全世界。

1. 从原材料的角度看，海绵蛋糕用的是黄油，而戚风蛋糕必须用无色无味的植物油，此外戚风蛋糕还加入了水或牛奶，因此含水量更高，口感更柔和。

2. 从制作工艺上说，海绵蛋糕分为两种工艺：一是全蛋打发→加面粉→加融化的黄油拌和（即传统海绵蛋糕）；二是只打发蛋黄→加面粉→打发蛋白→蛋黄糊、蛋白糊混合搅拌→加融化的黄油。戚风蛋糕则是先将蛋黄、糖、水或牛奶、植物油混合乳化→加面粉→打发蛋白→蛋黄糊、蛋白糊混合搅拌。所以，从工艺流程上区别海绵蛋糕和戚风蛋糕，主要看是否需要打发蛋黄。

3. 从成色和口感上说，海绵蛋糕色泽金黄，膨发度较高，内部组织紧密度适中；入口松软，蛋香味和奶香味都很浓；但是因为含水量低，所以口感略微发干和粗糙。戚风蛋糕膨发度高，颜色淡黄，内部组织细腻轻盈，入口酥软富有弹性，蛋香味浓厚；由于含水量较高，所以口感也更湿润细腻，无色无味的植物油也使得这类蛋糕口味清淡温和。

4. 从技术难度上来说，戚风蛋糕只需要打发蛋白，相对难度较低，戚风蛋糕无疑是目前最流行的一类蛋糕。

直观上看：

	戚风蛋糕	海绵蛋糕	
原材料	无色无味的植物油（烘焙专用色拉油 + 水或牛奶）	黄油	
制作工艺	蛋黄、糖、水或牛奶、油混合 ↓ 加面粉 ↓ 打发蛋白 ↓ 蛋黄糊与蛋白霜混合	打发全蛋 ↓ 加面粉 ↓ 加黄油	打发蛋黄 ↓ 加面粉 ↓ 打发蛋白 ↓ 蛋黄糊与蛋白霜混合 ↓ 加黄油
口感	颜色淡黄，内部组织细腻轻盈，入口酥软富有弹性，蛋香味浓厚，湿润细腻，口味清淡温和	颜色金黄，入口松软，蛋香味和奶香味都很浓；口感略微发干和粗糙	
难易程度	较容易	较难	

制作蛋糕的关键

1. 制作戚风蛋糕和分蛋式海绵蛋糕都需要打发蛋白。蛋白和蛋黄分离后，蛋白要放入冰箱冷冻至边沿结薄冰（10～15分钟）后再用于打发，这有助于保持泡沫的稳定性，不至于太快消泡。制作传统海绵蛋糕还需要打发全蛋，打发全蛋则需要将全蛋放至室温，此状态有助于打发，提高稳定性。

2. 蛋黄糊和打发蛋白混合时一定要用翻拌的手法，不要划圈搅拌。只要蛋白打发到位，一般不会那么容易消泡的。

3. 制作戚风蛋糕，一定要用烘焙专用色拉油或者其他无味的植物油，不可以使用花生油、橄榄油这类味道重的油，否则会破坏戚风蛋糕清淡的口感。

4. 烤蛋糕时，建议放在烤箱中下层，如果烤箱只有3层，要放在下层，以防止蛋糕膨胀后顶部距离加热管太近而被烤煳了。

5. 烤蛋糕不能使用防粘的蛋糕模，也不能在模具周围涂油，因为戚风或海绵蛋糕在烘烤的过程中会沿着模具往上膨胀，使用防粘模或给模具涂油，会影响蛋糕长高。

6. 检测蛋糕是否烤熟的方法有两个：一是用手按在蛋糕上听有没有沙沙声，有的话说明还未烤熟；二是用牙签插入蛋糕再拿出来，看看牙签上是否有面糊渣，有的话说明没有烤熟，反之则说明烤熟了。最后再结合自己的经验来综合判断。比如我的烤箱，用150℃烤约45分钟正好。如果烤的时间太长，蛋糕内水分挥发过多，口感会偏干。

黑芝麻戚风蛋糕

烘焙温度：160℃，上下火，中层

烘焙时间：30分钟

成品数量：18厘米中空戚风蛋糕1个

材料准备

牛奶 40 克，色拉油 40 克，鸡蛋 5 个，细砂糖 96 克（蛋白用 66 克，蛋黄用 30 克），低筋面粉 40 克，黑芝麻碎 30 克

特殊工具准备

18 厘米中空蛋糕模

操作准备

❶ 低筋面粉过筛备用。

❷ 蛋白和蛋黄分离后，将蛋白放入冰箱冷冻至边沿结薄冰。

❸ 黑芝麻磨碎成粉状。

1 ○ 搅拌蛋黄面糊

1-1. 蛋黄加入细砂糖 30 克，用手动打蛋器搅拌均匀。

1-2. 加入牛奶，搅拌均匀。

1-3. 加入色拉油，搅拌均匀。

1-4. 加入黑芝麻粉，搅拌均匀。

TIPS

黑芝麻粉可换成杏仁粉、核桃碎等。

1-5. 加入过好筛的低筋面粉搅拌均匀。

3 ○ 打发蛋白

2-1. 细砂糖 66 克平分三次加入蛋白中，用电动打蛋器打至全发。

TIPS

打发好的蛋白霜富有光泽且细腻，提起打蛋头时，蛋白呈短小直立的尖角。

3 混合蛋黄、蛋白糊

3-1. 用刮刀取 1/3 打发好的蛋白霜，与蛋黄糊翻拌均匀。

3-2. 再取 1/3 打发好的蛋白霜，与蛋黄糊翻拌均匀后，倒回剩余的蛋白霜中，翻拌成均匀细腻的戚风蛋糕糊。

4 入模烘烤

4-1. 戚风蛋糕糊倒入 18 厘米中空蛋糕模。

4-2. 入模后震模两下，放入预热好的烤箱烘烤。

TIPS 160℃，上下火，烤箱中层，烤 30 分钟。

如使用 15 厘米中空蛋糕模，烘烤时间就要相应缩短，大概烤 25 分钟。

5 脱模

5-1. 蛋糕出炉后倒扣在晾网上，晾凉后用脱模刀脱模。

扫码观看黑芝麻
戚风蛋糕制作

北海道戚风蛋糕

烘焙温度：160℃，上下火，中层
烘焙时间：30 分钟
成品数量：约 12 杯

材料准备

［蛋糕坯材料］低筋面粉 40 克，牛奶 34 克，色拉油 34 克，鸡蛋 4 个，细砂糖 70 克（蛋黄用 30 克，蛋白用 40 克）

［卡仕达酱材料］蛋黄 1 个，细砂糖 20 克，低筋面粉 9 克，牛奶 100 克，香草豆荚 1/4 支，无盐黄油 8 克，淡奶油 55 克，细砂糖 5 克

特殊工具准备

纸杯数个，裱花袋中装入裱花嘴（展艺 ZY7171 花嘴）

操作准备

❶ 低筋面粉过筛备用。

❷ 4 个鸡蛋的蛋白和蛋黄分离后，将蛋白放入冰箱冷冻至边沿结薄冰。

1 提前一天制作卡仕达酱

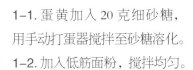

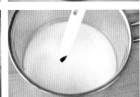
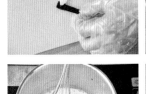

1–1. 蛋黄加入 20 克细砂糖，用手动打蛋器搅拌至砂糖溶化。

1–2. 加入低筋面粉，搅拌均匀。

1–3. 把香草豆荚剖开，刮出香草籽。

1–4. 将香草籽与豆荚壳放入牛奶中。

1–5. 慢火煮至 90℃，关火。

1–6. 覆保鲜膜，放入冰箱冷藏至冷却。

1–7. 等冷却后，倒入搅拌好的蛋黄糊中，混合均匀，过筛一次。

1–8. 隔热水边煮边搅拌，煮至蛋黄糊呈浓稠状即可。

TIPS 制作卡仕达酱时，隔水加热的火候很关键，太稠影响口感，太稀会有生粉味。

1–9. 加入无盐黄油，搅拌至冷却降温。

TIPS

卡仕达酱最好提前 24 小时做好，冷却后放冰箱保存，风味更佳。

2 ○ 搅拌蛋黄面糊

2–1. 蛋黄加入 30 克细砂糖，用手动打蛋器搅拌均匀。

2–2. 加入色拉油，搅拌均匀。

2–3. 加入牛奶，搅拌均匀。

2–4. 加入低筋面粉，搅拌均匀。

3　打发蛋白

3–1. 40 克细砂糖平分三次加入蛋白，用电动打蛋器打至九分发。

TIPS 做这款蛋糕，蛋白只需要打到九分发，做出的蛋糕口感更加绵软。

4　混合蛋黄、蛋白糊

4–1. 用刮刀取 1/3 打发好的蛋白霜，与蛋黄面糊翻拌均匀。

4–2. 再取 1/3 打发好的蛋白霜，与蛋黄面糊翻拌均匀后，倒回剩余的蛋白霜中。

4–3. 翻拌成细致均匀的戚风蛋糕面糊。

5　造型烘烤

5–1. 将蛋糕面糊装入裱花袋中。

5–2. 将裱花袋剪个小口，把面糊挤入纸杯，约八分满。

5–3. 入模后震模两下，放入预热好的烤箱烘烤。

TIPS 160℃，上下火，烤箱中层，烤 30 分钟。

方形纸杯容量约 120 毫升，也可以使用圆形的纸杯。根据纸杯的大小、杯子蛋糕数量的不同，烘烤的时间也不一样。

6 ○

6-1.55 克淡奶油中加入 5 克细砂糖,用电动打蛋器打至全发。

6-2.冷藏一夜的卡仕达酱取出,加入打发好的淡奶油,用刮刀翻拌均匀,装裱花袋。

6-3. 在蛋糕中央位置戳个洞,挤入夹心。

6-4.最后在蛋糕表面筛上糖粉装饰。

圣诞帽杯子蛋糕

烘焙温度：165℃，上□□□层

烘焙时间：25分钟

成品数量：约6杯

材料准备

［蛋糕坯材料］淡奶油 25 克，黑巧克力 70 克，无盐黄油 25 克，蛋黄 30 克，低筋面粉 17 克，可可粉 8 克，蛋白 55 克，细砂糖 25 克

［装饰材料］淡奶油 150 克，细砂糖 15 克，草莓 6 个

特殊工具准备

裱花袋装展艺 ZY7104 花嘴

操作准备

❶ 低筋面粉和可可粉混合过筛备用。

❷ 蛋白和蛋黄分离后，将蛋白放入冰箱冷冻至边沿结薄冰。

1 ○ 搅拌蛋黄糊

1-1. 无盐黄油、黑巧克力和淡奶油混合，隔温水搅拌至完全融化。

TIPS 注意融化巧克力的温水不能超过 50℃。

1-2. 加入蛋黄，搅拌均匀。

2 ○ 打发蛋白

2-1. 细砂糖分三次加入蛋白中，用电动打蛋器打至全发。

3 混合蛋黄、蛋白糊

3-1. 用刮刀取 1/2 打发好的蛋白霜，与蛋黄糊翻拌均匀。

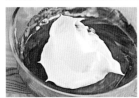

3-2. 再把剩下的蛋白霜加入，与蛋黄糊翻拌均匀。

3-3. 加入低筋面粉和可可粉，翻拌均匀。

4 入模烘烤

4-1. 蛋糕糊装入裱花袋，裱花袋剪一小口，把蛋糕糊挤入模具，放入预热好的烤箱烘烤。

 TIPS 165℃，上下火，烤箱中层，烤 25 分钟。

5 表面装饰

5-1. 淡奶油中加入细砂糖打发，装入准备好的裱花袋，在烤好的蛋糕中间挤一点淡奶油，放上草莓。

5-2. 在草莓外围均匀挤一圈奶油圆点，然后在草莓顶部挤一个圆点装饰。

TIPS 挤奶油圆点时，要控制好力度，挤出的圆点要大小一致才够美观。

三色戚风蛋糕

烘焙温度：160℃，上下火，中下层
烘焙时间：48 分钟
成品数量：18 厘米中空戚风蛋糕 1 个

材料准备

［原味蛋糕材料］牛奶 40 克，色拉油 20 克，蛋黄 1 个，细砂糖 20 克，低筋面粉 40 克

［巧克力味蛋糕材料］牛奶 40 克，色拉油 20 克，蛋黄 1 个，细砂糖 20 克，低筋面粉 30 克，可可粉 10 克

［抹茶味蛋糕材料］牛奶 40 克，色拉油 20 克，蛋黄 1 个，细砂糖 20 克，低筋面粉 32 克，抹茶粉 8 克

［蛋白霜材料］蛋白 160 克，细砂糖 45 克

特殊工具准备

18 厘米中空蛋糕模

操作准备

❶ 各种粉类分别过筛，备用。

❷ 蛋白和蛋黄分离后，将蛋白放入冰箱冷冻至边沿结薄冰。

1 ○ 搅拌原味蛋黄面糊

1-1. 蛋黄中加入细砂糖，用手动打蛋器搅拌均匀。
1-2. 加入色拉油，搅拌均匀。

1-3. 加入牛奶，搅拌均匀。

1-4. 加入低筋面粉，搅拌均匀。
1-5. 完成原味蛋黄面糊。

2 ○ 搅拌抹茶、巧克力面粉糊

2-1. 重复步骤 1-1 至 1-4，然后加入可可粉搅拌均匀，完成巧克力味蛋黄面糊。

2-2. 重复步骤 1-1 至 1-4，然后加入抹茶粉搅拌均匀，完成抹茶味蛋黄面糊。

3 ○ 打发蛋白

3-1. 细砂糖分三次加入蛋白，用电动打蛋器打至九分发。

TIPS

蛋白只需要打到九分发，烤出的蛋糕口感更加绵软。

4 ○ 搅拌三色蛋糕糊

4-1. 把打发好的蛋白平均分成三份，用刮刀刮出分别与原味、巧克力味、抹茶味的蛋黄面糊翻拌均匀，完成三种蛋糕糊。

5 ○ 入模烘烤

5-1. 把混合好的三色蛋糕糊倒入中空模具（面糊入模应交集均匀），然后放进预热好的烤箱烘焙。

TIPS 三种面糊倒入模具时，要错开颜色，成品更加美观。

160℃，上下火，烤箱中下层，烤48分钟。

5-2. 蛋糕出炉后倒扣在晾网上，晾凉后用脱模刀脱模。

蔓越莓乳酪戚风蛋糕

烘焙温度：150℃，上下火，中下层

烘焙时间：45 分钟

成品数量：18 厘米中空戚风蛋糕 1 个

材料准备

低筋面粉 80 克，奶油奶酪 100 克，牛奶 95 克，色拉油 40 克，蛋黄 50 克，蛋白 160 克，盐 0.5 克，细砂糖 75 克（其中蛋黄用 35 克，蛋白用 40 克），蔓越莓干 40 克

特殊工具准备

18 厘米中空模备用

操作准备

① 低筋面粉过筛备用。

② 蛋白和蛋黄分离后，将蛋白放入冰箱冷冻至边沿结薄冰。

③ 蔓越莓干在朗姆酒中浸泡 4 小时以上，备用。

1 搅拌蛋黄面糊

1–1. 奶油奶酪中加入牛奶，用手动打蛋器搅拌均匀。

1–2. 加入细砂糖 35 克，搅拌均匀。

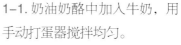

1–3. 加入盐，搅拌均匀。

1–4. 加入色拉油，搅拌均匀。

1–5. 加入过好筛的低筋面粉，搅拌均匀。

1–6. 加入蛋黄，搅拌均匀。

1–7. 完成蛋黄面糊。

2 打发蛋白

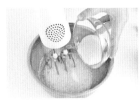 

2-1.40 克细砂糖平分三次加入蛋白，用电动打蛋器打至全发。

3 混合蛋黄、蛋白糊

3-1.用刮刀取 1/3 打发好的蛋白霜，与蛋黄面糊翻拌均匀。

3-2.再取 1/3 打发好的蛋白霜，与蛋黄面糊翻拌均匀后，倒回剩余的蛋白霜中，翻拌成细腻均匀的戚风蛋糕面糊。

4 入模烘烤

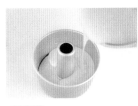 

4-1.蛋糕糊倒入模具，到模具 1/3 的位置，均匀地撒上蔓越莓干，再倒入剩下的蛋糕糊。

TIPS 蔓越莓干用朗姆酒泡 4 小时后使用，风味更佳。倒 1/3 面糊后再撒上蔓越莓干，可以防止蔓越莓干沉到底部。

4-2.将蛋糕模震两下，震出蛋糕糊中的气泡，放入预热好的烤箱烘烤。

TIPS

150℃，上下火，烤箱中下层，烤 45 分钟。

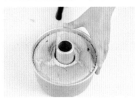

4-3.蛋糕出炉后倒扣在晾网上，晾凉后脱模即可。

榴莲蛋糕卷

烘焙温度：160℃，上下火，中层

烘焙时间：25 分钟

成品数量：蛋糕卷 1 个

材料准备

[蛋糕坯材料]牛奶50克，色拉油30克，鸡蛋3个，低筋面粉50克，细砂糖45克（其中蛋黄用15克，蛋白用30克）

[夹心材料]淡奶油300克，细砂糖30克，榴莲肉150克

特殊工具准备

裱花袋中装上裱花嘴（展艺ZY7290花嘴），28厘米×28厘米烤盘，擀面杖一根，蛋糕卷硅胶垫

操作准备

❶ 低筋面粉过筛备用。

❷ 蛋白和蛋黄分离后，将蛋白放入冰箱冷冻至边沿结薄冰。

1 ○ 搅拌蛋黄面糊

1-1.牛奶中加入色拉油和15克细砂糖，用手动打蛋器搅拌均匀。

1-2.加入过好筛的低筋面粉，搅拌均匀。

1-3.加入蛋黄，搅拌均匀。

1-4.完成蛋黄面糊。

2 ○ 打发蛋白

 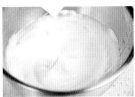

2-1.30克细砂糖分三次加入蛋白，用电动打蛋器打至八分发（打发好的蛋白细腻且富有光泽，提起打蛋头，蛋白呈小弯钩状）。

TIPS 制作蛋糕卷，蛋白打到八分发即可，做出的蛋糕卷口感更加绵润细软。

3 混合蛋黄、蛋白糊

3-1. 用刮刀取 1/3 打发好的蛋白霜，与蛋黄面糊翻拌均匀。

3-2. 再取 1/3 打发好的蛋白霜，与蛋黄面糊翻拌均匀后，倒回剩余的蛋白霜中，翻拌成细腻均匀的戚风蛋糕面糊。

4 入模烘烤

4-1. 蛋糕面糊倒入铺有玻璃纤维垫的烤盘。

4-2. 入模后震模两下，震出蛋糕糊中的大气泡，放入预热好的烤箱烘烤。

> **TIPS** 160℃，上下火，烤箱中层，烤25分钟。
> 蛋糕的烘烤时间不可过长，否则蛋糕会干，卷的时候容易裂开。

4-3. 蛋糕出炉后，用手拖出纤维垫，将蛋糕片放在晾网上，撕去纤维垫，盖一层油纸，晾凉。

5 蛋糕夹馅

5-1. 淡奶油中加入 30 克细砂糖，用电动打蛋器打至全发。

5-2. 将晾凉的蛋糕片平放好，油纸在下，用刮刀抹一层打发好的奶油，均匀地抹在蛋糕片上，但起始端要抹厚一点，收尾一端只需要薄薄一层。在蛋糕的收尾位置用锯齿刀呈 45° 切去一边，便于卷蛋糕卷。

5-3. 在抹厚奶油的一侧放上榴莲肉。

6 ○ 卷蛋糕卷

6-1. 用擀面杖卷起起始端的油纸，向上提起。

6-2. 慢慢滚动擀面杖，油纸向前推动，蛋糕卷自然卷起，直到收尾处。

6-3. 整理好的蛋糕卷用硅胶垫包起后，放入冰箱冷藏定型。

TIPS

卷好的蛋糕卷，再用蛋糕卷硅胶垫包起来，入冰箱冷藏，定型效果更好。

7 ○ 表面装饰

7-1. 剩余的奶油装入准备好的裱花袋，在冷藏好的蛋糕卷表面来回挤上奶油花。

7-2. 最后放上水果装饰。

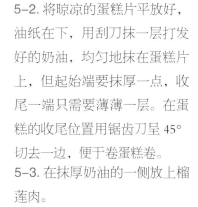

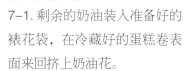

扫码观看榴莲
蛋糕卷制作

奥利奥咸奶油蛋糕

烘焙温度：150℃，上下火，中下层

烘焙时间：45分钟

成品数量：6寸（约15厘米）蛋糕1个

材料准备

［蛋糕坯材料］牛奶 20 克，色拉油 20 克，鸡蛋 3 个，低筋面粉 26 克，可可粉 7 克，细砂糖 48 克（其中蛋黄用 15 克，蛋白用 33 克）

［奥利奥咸奶油材料］淡奶油 350 克，奥利奥饼干碎 50 克，细砂糖 15 克，海盐 2 克

［其他材料］杏仁片

特殊工具准备

裱花袋中装入展艺 ZY7104 花嘴，6 寸（约 15 厘米）蛋糕模

操作准备

❶ 低筋面粉过筛备用。

❷ 蛋白和蛋黄分离后，蛋白放入冰箱冷冻至边沿结薄冰。

❸ 淡奶油提前冷藏 12 小时，更容易打发。

1 ○─ | 搅拌蛋黄面糊 |

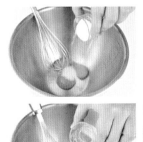 

1-1. 蛋黄中加入 15 克细砂糖，
用手动打蛋器搅拌均匀。

1-2. 加入牛奶，搅拌均匀。

1-3. 加入色拉油，搅拌均匀。

1-4. 筛入可可粉，搅拌均匀。

1-5. 筛入低筋面粉，搅拌均匀。

1-6. 完成蛋黄面糊。

2 ○─ | 打发蛋白 |

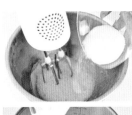 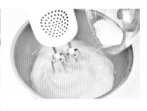

2-1. 33 克细砂糖分三次加入蛋
白，用电动打蛋器打至全发。

3 混合蛋黄、蛋白糊

3-1. 用刮刀取 1/3 打发好的蛋白霜，与蛋黄面糊翻拌均匀。

3-2. 再取 1/3 打发好的蛋白霜，与蛋黄面糊翻拌均匀后，倒回剩余的蛋白霜中，翻拌均匀，成细腻均匀的可可戚风蛋糕面糊。

4 入模烘烤

4-1. 将蛋糕面糊倒入模具。

4-2. 入模后震模两下，震出面糊中的大气泡，放入预热好的烤箱烘烤。

TIPS

150℃，上下火，烤箱中下层，烤45分钟。

4-3. 蛋糕出炉后倒扣在晾网上，晾凉后脱模。

TIPS 蛋糕坯除了可以用戚风蛋糕，也可以用海绵蛋糕。

5 制作奥利奥咸奶油

5-1. 淡奶油中加入细砂糖、海盐，用电动打蛋器打至六分发。

5-2.加入奥利奥饼干碎后，打至全发。

表面装饰

6-1.用蛋糕锯刀和蛋糕分片器把蛋糕平均分成三片。

6-2.把第一层蛋糕片放在蛋糕底托上，用直抹刀抹上一层奥利奥咸奶油。

6-3.依此法再放上一层蛋糕片，抹上奶油，再放上最后一片蛋糕。

6-4.整个蛋糕的表面均匀地抹上一层咸奶油。

6-5.剩余的咸奶油装入装好裱花嘴的裱花袋，在蛋糕表面和蛋糕底部挤一圈奶油花。

6-6.在蛋糕表面放奥利奥饼干碎及杏仁片装饰。

水果奶油蛋糕

烘焙温度：150℃，上下火，中下层
烘焙时间：45 分钟
成品数量：6 寸（约 15 厘米）蛋糕 1 个

材料准备

[戚风蛋糕材料] 牛奶 20 克，色拉油 20 克，鸡蛋 3 个，低筋面粉 33 克，细砂糖 48 克（其中蛋黄用 15 克，蛋白用 33 克）

[夹心材料] 淡奶油 350 克，细砂糖 35 克，新鲜水果适量

特殊工具准备

裱花袋中装入裱花嘴（展艺 ZY7104 花嘴），6 寸（约 15 厘米）蛋糕模

操作准备

❶ 低筋面粉过筛备用。

❷ 蛋白和蛋黄分离后，将蛋白放入冰箱，冷冻至边沿结薄冰。

1 ○ 搅拌蛋黄面糊

1–1. 15 克细砂糖加入蛋黄中，用手动打蛋器搅拌均匀。

1–2. 加入牛奶，搅拌均匀。

1–3. 加入色拉油，搅拌均匀。

1–4. 加入低筋面粉，搅拌均匀。

1–5. 完成蛋黄面糊。

2 ○ 打发蛋白

 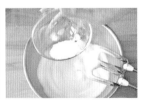

2–1. 35 克细砂糖平分三次加入蛋白中，用电动打蛋器打至全发。

3 混合蛋黄、蛋白糊

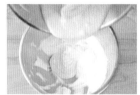 

3-1.用刮刀取 1/3 打发好的蛋白霜,与蛋黄面糊翻拌均匀。

3-2.再取 1/3 打发好的蛋白霜,与蛋黄面糊翻拌均匀后,倒回剩余的蛋白霜中,翻拌成细腻均匀的戚风蛋糕面糊。

4 入模烘烤

4-1.将蛋糕面糊倒入模具。

4-2.入模后震模两下,放入预热好的烤箱烘烤。

150℃,上下火,烤箱中下层,烤45分钟。

4-3.蛋糕出炉后倒扣在晾网上,晾凉后脱模。

5 打发淡奶油

5-1.35 克细砂糖加入淡奶油中,用电动打蛋器打至全发。

6 奶油夹馅

6-1. 用蛋糕锯刀和蛋糕分片器把蛋糕平均分成厚薄均匀的3片。

6-2. 取一片蛋糕片放在蛋糕底托上，用直抹刀抹一层打发好的奶油。

6-3. 放上新鲜水果，再抹一层奶油。

6-4. 依此法再放一层蛋糕片，同样抹奶油和夹水果馅。放上最后一片蛋糕。

7 蛋糕装饰

7-1. 将整个蛋糕的表面均匀地抹上一层奶油。

7-2. 剩余的奶油装入准备好的裱花袋，在蛋糕表面和蛋糕底部挤一圈奶油花。

7-3. 放上新鲜水果装饰。

巧克力树桩蛋糕卷

烘焙温度：160℃，上下火，中层

烘焙时间：23分钟

成品数量：1个

材料准备

[蛋糕坯材料] 牛奶 50 克，色拉油 30 克，鸡蛋 3 个，低筋面粉 43 克，可可粉 7 克，细砂糖 45 克（其中蛋黄用 15 克，蛋白用 30 克）

[夹心材料] 淡奶油 300 克，细砂糖 30 克，可可粉 5 克，草莓适量

特殊工具准备

28 厘米 × 28 厘米烤盘

操作准备

❶ 低筋面粉过筛备用。

❷ 蛋白和蛋黄分离后，将蛋白放入冰箱放冷冻至边沿结薄冰。

1 ○ 搅拌蛋黄面糊

1-1. 牛奶中分别加入色拉油、15 克细砂糖和可可粉，用手动打蛋器搅拌均匀。

1-2. 加入低筋面粉，搅拌均匀。

1-3. 加入蛋黄，搅拌均匀，完成蛋糕糊部分。

2 ○ 打发蛋白

2-1. 30 克细砂糖平分三次加入蛋白，用电动打蛋器打至八分发。

TIPS 制作蛋糕卷，蛋白打到八分发即可，做出的蛋糕卷口感更加绵润细软。

3 ○ 混合蛋黄、蛋白糊

3-1. 用刮刀取 1/3 打发好的蛋白霜，与蛋糕糊翻拌均匀。

3-2. 再取 1/3 打发好的蛋白霜，与蛋糕糊翻拌均匀后，倒回剩余的蛋白霜中。

3-3. 翻拌成细腻均匀的戚风蛋糕面糊。

4 ○ 入模烘烤

 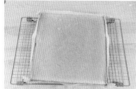

4-1. 烤盘中垫玻璃纤维垫，将蛋糕面糊倒入烤盘。

4-2. 入模后震模两下，放入预热好的烤箱。烤好后，将蛋糕放在晾网上晾凉。

TIPS

160℃，上下火，烤箱中层，烤23分钟。

蛋糕的烤制时间不可过长，如果烤的时间过长，蛋糕会干，卷的时候容易裂开。

4-3. 将放凉的蛋糕倒扣在铺好油纸的晾网上，撕开玻璃纤维垫。

5 ○ 制作夹心

5-1. 淡奶油中加入 30 克细砂糖和可可粉，用电动打蛋器打至全发。

TIPS

打发巧克力味的奶油，需要把可可粉和淡奶油一起打发。可可粉也可以换成抹茶粉，即可制作抹茶味的奶油。

6 ○ 蛋糕夹馅

6-1. 蛋糕面朝下，用锯齿刀呈45°角切去一边作为蛋卷收尾位置。

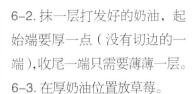

6-2. 抹一层打发好的奶油，起始端要厚一点（没有切边的一端），收尾一端只需要薄薄一层。

6-3. 在厚奶油位置放草莓。

6-4. 用擀面杖卷起起始端的油纸，向上提起。

6-5. 慢慢卷动擀面杖，油纸向前推动，蛋糕卷自然卷起，直到收尾处。

6-6. 整理好的蛋糕卷用蛋糕卷硅胶垫包起来后，放入冰箱冷藏 1 ~ 2 小时定型。

TIPS 卷好的蛋糕卷，可用蛋糕卷硅胶垫包起来再冷藏，定型效果更好。

7 ○ 表面装饰

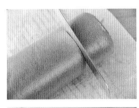

7-1. 蛋糕卷放在垫板上，切 1/4 段置于蛋糕卷上方，均匀抹一层奶油，将其固定。

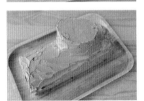

7-2. 小抹刀抹上奶油来回抹，将组合蛋糕卷做树干出效果。

7-3. 裱花袋装入奶油，剪一小口，挤出一圈圈年轮效果。撒上糖霜装饰即可。

粉红木马奶油蛋糕

烘焙温度：150℃，上下火，中下层

烘焙时间：45分钟

成品数量：6寸（约15厘米）蛋糕1个

材料准备

［蛋糕坯材料］牛奶 20 克，色拉油 20 克，鸡蛋 3 个，低筋面粉 33 克，细砂糖 33 克（其中蛋黄用 15 克，蛋白用 33 克）

［夹心材料］淡奶油 350 克，细砂糖 35 克，新鲜水果适量

［其他材料］粉色色素

特殊工具准备

裱花袋装展艺 ZY7290 花嘴，6 寸（约 15 厘米）蛋糕模

操作准备

❶ 低筋面粉过筛备用。

❷ 蛋白和蛋黄分离后，蛋白放入冰箱冷冻至边沿结薄冰。

1 ○ 搅拌蛋黄面糊

1–1. 蛋黄中加入 15 克细砂糖，用手动打蛋器搅拌均匀。

1–2. 加入牛奶，搅拌均匀。

1–3. 加入色拉油，搅拌均匀。

1–4. 加入低筋面粉，搅拌均匀。

1–5. 完成蛋黄面糊。

2 ○ 打发蛋白

2–1. 33 克细砂糖分三次加入蛋白，用电动打蛋器打至全发。

3 混合蛋黄、蛋白糊

3-1. 用刮刀取 1/3 打发好的蛋白霜，与蛋黄面糊翻拌均匀。

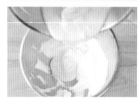 

3-2. 再取 1/3 打发好的蛋白霜，与蛋黄面糊翻拌均匀后，倒回剩余的蛋白霜中，翻拌成细腻均匀的戚风蛋糕面糊。

4 入模烘烤

4-1. 蛋糕糊倒入模具。

4-2. 入模后震模两下，放入预热好的烤箱烘烤。

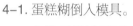**TIPS**

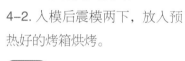150℃，上下火，烤箱中下层，烤45 分钟。

4-3. 蛋糕出炉后倒扣在晾网上，晾凉后脱模。

5 打发淡奶油

5-1. 淡奶油中加入细砂糖，用电动打蛋器打至全发。

6 蛋糕夹馅

6-1. 用蛋糕锯刀和蛋糕分片器把蛋糕分成厚薄均匀的 3 片。

6-2. 取一片蛋糕片放在蛋糕底托上，用直抹刀抹一层打发好的奶油。

6-3. 放上新鲜水果，再抹一层奶油，注意水果不要放出蛋糕边沿。

6-4. 再放上一片蛋糕片，重复步骤 6-3，完成夹馅。

7 蛋糕抹面

7-1. 最上面一片蛋糕片扣上后，表面和侧面用抹刀均匀地抹上一层奶油。

7-2. 取适量奶油，加入粉色色素，搅拌均匀，抹在蛋糕上。

8 ○ 蛋糕装饰

8-1. 裱花袋装入粉色奶油，在蛋糕表面挤一圈玫瑰奶油花。

8-2. 底部挤一圈星星奶油花。蛋糕表面放一圈水果，插上木马装饰。

扫码观看粉红木马
奶油蛋糕制作

轻乳酪蛋糕

烘焙温度：160℃，上下火，中下层

烘焙时间：水浴法 60 分钟

成品数量：1 个

材料准备

奶油奶酪 125 克，细砂糖 50 克（奶酪用 20 克，蛋白用 30 克），蛋黄 2 个，淡奶油 50 克，酸奶 75 克，低筋面粉 20 克，玉米淀粉 13 克，蛋白 2 个

特殊工具准备

乳酪蛋糕模（展艺 ZY5202），模具底部铺油纸。

操作准备

❶ 低筋面粉和玉米淀粉混合过筛备用。

❷ 奶油奶酪室温软化。

1 ○ 搅拌奶酪蛋黄糊

1-1. 奶油奶酪软化后，加入 20 克细砂糖，用手动打蛋器搅匀。

1-2. 加入淡奶油和酸奶，搅拌均匀。

1-3. 加入过好筛的低筋面粉和玉米淀粉，搅拌均匀。

1-4. 加入蛋黄搅拌均匀，奶酪蛋黄糊制作完成。

1-5. 搅拌好的奶酪蛋黄糊过筛一次。

2 ○ 打发蛋白

2-1. 剩余的细砂糖 30 克分三次加入蛋白，用电动打蛋器打至八分发，此时蛋糊光滑，拉起时有小弯钩。

TIPS 蛋白打至八分发即可，如果打发过度，烘烤时容易开裂。

3 混合蛋黄、蛋白糊

4 入模烘烤

3-1. 用刮刀取 1/3 打发好的蛋白霜，与奶酪蛋黄糊翻拌均匀。

3-2. 再取 1/3 打发好的蛋白霜，与奶酪蛋黄糊翻拌均匀后，倒回剩余的蛋白霜中。翻拌成细腻均匀的奶酪糊。

4-1. 奶酪糊倒入模具中。

4-2. 烤盘注水，放入预热好的烤箱，奶酪糊放在烤盘中央位置，用水浴法烘烤。

TIPS 160℃，上下火，烤箱中下层，水浴法 60 分钟。

烘烤完成后，如果觉得表面颜色不够诱人，可以开烤箱上火 180℃，再烤 2～3 分钟上色。最后一定要在烤箱旁边看着，以免烤糊了。

4-3. 蛋糕出炉后放在晾网上冷却，晾凉后脱模。

扫码观看轻乳酪
蛋糕制作

小鸡彩绘蛋糕卷

烘焙温度：180℃，上下火，中层

烘焙时间：14分钟

成品数量：1个

材料准备

[蛋糕坯材料]蛋黄 4 个，细砂糖 50 克，色拉油 10 克，牛奶 20 克，低筋面粉 40 克，蛋白 4 个，草莓 3 个

[彩绘图案材料]无盐黄油 25 克，色拉油 2 克，糖粉 20 克，蛋白 15 克，低筋面粉 25 克，色素或色粉适量

[夹馅材料]打发好的淡奶油 220 克（200 克淡奶油加 20 克细砂糖打发），草莓 5 颗

特殊工具准备

28 厘米 × 28 厘米烤盘，透明硅胶垫

操作准备

❶ 无盐黄油室温软化备用。

❷ 低筋面粉过筛备用。

❸ 蛋白和蛋黄分离后，将蛋白放入冰箱冷冻至边沿结薄冰。

1 ○ 制作彩绘图案

1-1. 无盐黄油中加入色拉油，搅拌均匀。

1-2. 加入糖粉，搅拌均匀。

1-3. 加入蛋白，搅拌均匀。

1-4. 加入低筋面粉，搅拌均匀。

1-5. 取适量的面糊，分别加入红色、黄色、橙色和黑色色素或色粉，搅拌均匀，再分别装入裱花袋。

1-6. 把准备好的彩绘图案纸放在烤盘上，垫上透明硅胶垫，用不同颜色的面糊，画出小鸡图案。

1-7. 画好图案的面糊，放进冰箱冷藏 15 分钟。

TIPS

画好的图案需要冷藏 15 分钟，使图案凝固后再倒蛋糕糊。

2 ○ 搅拌蛋糕糊

2-1. 蛋黄中加入细砂糖，用手动打蛋器搅拌至细砂糖化开。

2-2. 加入牛奶和色拉油，搅拌均匀。

2-3. 加入低筋面粉，搅拌均匀。

2-4. 细砂糖分三次加入蛋白中，用电动打蛋器打至全发。

2-5. 蛋黄糊中加入一半打发好的蛋白，翻拌均匀。

2-6. 翻拌好的蛋黄糊再倒回剩余的蛋白霜中翻拌均匀。

3 ○ 入模烘烤

3-1. 蛋糕糊倒入冷藏好的盛有彩绘图案的烤盘里。

3-2. 入模后震模两下，震出大气泡，放入预热好的烤箱烘烤。

TIPS 180℃，上下火，烤箱中层，烤14分钟。

蛋糕卷烘烤的时间不能过长，否则面糊图案会变硬，口感不佳。

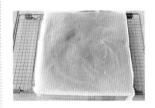

3-3. 蛋糕出炉后放在晾网上晾凉。

 4 夹馅定型

4-1. 将放凉的蛋糕片倒扣在铺好油纸的晾网上，撕开透明硅胶垫。

4-2. 蛋糕面朝下，用锯齿刀呈45°角切去一边作为蛋卷收尾位置。蛋糕表面抹一层打发好的淡奶油，中间位置要厚一点，放上草莓，收尾一端只需要抹薄薄一层。

TIPS 草莓要尽量放在蛋糕片的中间，这样卷出的蛋糕卷小鸡图形才能在中间，更美观。

4-3. 用擀面杖卷起起始端的油纸，向上提起，慢慢滚动擀面杖，油纸向前推动，蛋糕卷自然卷起，直到收尾处。

4-4. 冷藏定型1小时。

樱桃彩绘蛋糕卷

烘焙温度：180℃，上下火，中层

烘焙时间：14 分钟

成品数量：1 个

材料准备

[蛋糕坯材料] 蛋黄 4 个，细砂糖 50 克（其中蛋黄用 20 克，蛋白用 30 克），色拉油 10 克，牛奶 20 克，低筋面粉 35 克，可可粉 7 克，蛋白 4 个

[彩绘图案材料] 无盐黄油 25 克，色拉油 2 克，糖粉 20 克，蛋白 15 克，低筋面粉 25 克，色素和色粉适量

[夹馅材料] 打发好的淡奶油 220 克（200 克淡奶油加 20 克细砂糖打发），芒果粒适量

特殊工具准备

28 厘米×28 厘米烤盘，透明硅胶垫

操作准备

❶ 无盐黄油室温软化备用。

❷ 低筋面粉和可可粉分别过筛备用。

❸ 蛋白和蛋黄分离后，将蛋白放入冰箱冷冻至边沿结薄冰。

1 ○ 制作彩绘图案

1–1. 无盐黄油中加入色拉油，搅拌均匀。

1–2. 加入糖粉，搅拌均匀。

1–3. 加入蛋白，搅拌均匀。
1–4. 加入低筋面粉，搅拌均匀。

1–5. 取适量的面糊，分别加入红色和绿色食用色素，搅拌均匀，再分别装入裱花袋。

1–6. 把准备好的彩绘图案纸放在烤盘上，垫上透明硅胶垫，用不同颜色的面糊画出小樱桃。

1–7. 画好的图案，放入冰箱冷藏 15 分钟。

TIPS

画好的图案需要冷藏 15 分钟，待图案凝固后再倒入蛋糕糊。

2 ○ 搅拌蛋糕糊

2–1. 蛋黄中加入细砂糖 20 克，用手动打蛋器搅拌至细砂糖化开。

2–2. 加入牛奶和色拉油，搅拌均匀。

2–3. 加入过好筛的可可粉和低筋面粉，搅拌均匀。

2–4. 细砂糖 30 克分三次加入蛋白中，用电动打蛋器打至全发。

2–5. 蛋黄糊中加入一半打发好的蛋白霜，翻拌均匀。

2–6. 蛋黄糊翻拌均匀后，倒回剩余的蛋白霜中翻拌均匀。

3 造型烘烤

3-1. 搅拌好的蛋糕糊倒入冷藏好的盛有彩绘图案的烤盘里。

3-2. 入模后震模两下，震出大气泡，放入预热好的烤箱烘烤。

TIPS 180℃，上下火，烤箱中层，烤14分钟。
蛋糕烘烤的时间不能过长，否则彩绘图案的口感会变硬。

3-3. 蛋糕出炉后放在晾网上晾凉。

4 夹馅装饰

4-1. 将放凉的蛋糕片倒扣在铺好油纸的晾网上，撕开透明硅胶垫。

4-2. 蛋糕面朝下，用锯齿刀呈45°角切去一边作为蛋卷收尾位置。蛋糕表面抹一层打发好的淡奶油，中间位置要厚一点，放上水果，收尾一端只需要抹薄薄一层。

TIPS 放水果的位置尽量在蛋糕卷的中间位置，卷好后图案才会在中间。

4-3. 用擀面杖卷起起始端的油纸，向上提起，慢慢滚动擀面杖，油纸向前推动，蛋糕卷自然卷起，直到收尾处。

4-4. 放入冰箱冷藏定型1小时。

海绵蛋糕

烘焙温度：165℃，上下火，中层

烘焙时间：25分钟

成品数量：6个

材料准备

低筋面粉 75 克，无盐黄油 10 克，全蛋液 130 克，细砂糖 75 克，蜂蜜 7 克，玉米糖浆 7 克（没有的话，可以不加），牛奶 18 克

特殊工具准备

6 连蛋糕模

操作准备

❶ 蜂蜜和玉米糖浆混合，隔温水加热，备用（保持在 30℃为宜）。

❷ 低筋面粉过筛备用。

❸ 鸡蛋放至室温备用。

1 打发全蛋

1-1. 全蛋液加入细砂糖，用电动打蛋器打散，加入 30℃恒温的蜂蜜和玉米糖浆（玉米糖浆没有的话可以不加）。

TIPS 蜂蜜和玉米糖浆一定要保持在 30℃左右，这样加入全蛋液里，能更好地打发。

1-2. 将盛蛋液的盆坐 45℃热水中打发至蛋糊有光泽且泡沫细腻。45℃恒温的状态有助于打发及保持稳定。

1-3. 继续打发，当提起打蛋头画"8"字能保持 3 秒不消失；或蛋液滴落能堆起保持几秒钟，再慢慢还原，即说明打发完成。

2 加入面粉

2-1. 过好筛的低筋面粉分三次加入蛋糊中，用刮刀从盆底向上翻拌，拌到手感变重时即可。

3 加黄油，翻拌蛋糕糊

3-1. 无盐黄油加入牛奶，隔 35℃恒温水融化。

TIPS 黄油和牛奶一定要保持在 35℃左右，这样才容易和面糊混合乳化。

3-2. 取一点面糊加入黄油牛奶混合物中，用刮刀拌匀，再倒入面糊中，从盆底向上翻拌，到面糊有光泽为止。

4 入模烘烤

4-1. 面糊装入裱花袋，将裱花袋剪一小口，把面糊挤入模具，放入预热好的烤箱烘烤。

TIPS

165℃，上下火，烤箱中层，烤 25 分钟。

扫码观看海绵蛋糕制作

栗子杯子蛋糕

烘焙温度：165℃，上下火，中层

烘焙时间：28 分钟

成品数量：6 个

材料准备

[蛋糕坯材料] 低筋面粉 50 克，杏仁粉 30 克，无盐黄油 20 克，鸡蛋 2 个，细砂糖 55 克，甘栗仁 2 颗

[装饰材料] 栗子蓉 120 克，淡奶油 100 克，甘栗仁 8 颗

特殊工具准备

裱花袋装上裱花嘴（展艺 ZY7290 花嘴）

操作准备

❶ 无盐黄油隔温水融化，保持 35℃恒温。

❷ 低筋面粉和杏仁粉过筛备用。

❸ 鸡蛋放至室温，备用。

❹ 甘栗仁 2 颗切碎，备用。

1 ○ 打发全蛋

2 ○ 加入面粉

1-1. 全蛋打散，加入细砂糖，隔热水用电动打蛋器打发至蛋液发白，体积变大。

1-2. 继续打发至提起打蛋头，蛋液会滴落，然后堆起几秒钟再慢慢还原，完成全蛋打发。

2-1. 加入过筛的低筋面粉和杏仁粉，用刮刀从盆底翻拌，拌至手感变重时即可。

TIPS 低筋面粉和杏仁粉混合要提前过筛一次，因为粗的杏仁粉容易让面糊消泡。

3 ○ 加黄油，翻拌蛋糕糊

3-1. 面糊中加入无盐黄油，从盆底翻拌到面糊有光泽。

TIPS

黄油一定要保持在 35℃左右，这样才容易和面糊混合乳化。

4 入模烘烤

4-1. 将面糊装入裱花袋，在裱花袋顶部剪一个小口，把面糊挤入模具。

4-2. 挤好后撒上甘栗碎，放入预热好的烤箱烘烤。

TIPS 165℃，上下火，烤箱中层，烤 28 分钟。

5 表面装饰

5-1. 淡奶油中加入栗子蓉，用电动打蛋器打发。

5-2. 在烤好的蛋糕中间放一颗甘栗仁，将打发好的栗子淡奶油装入准备好的裱花袋，绕着甘栗仁挤一圈奶油花。

巧克力心太软

烘焙温度：210℃，上下火，中层

烘焙时间：8分钟

成品数量：2杯

材料准备

黑巧克力72克（纯可可脂类），无盐黄油52克，全蛋1个，蛋黄1个，细砂糖25克，低筋面粉30克，朗姆酒5克

特殊工具准备

8厘米口径的玻璃矮杯2个（耐高温）

操作准备

❶ 低筋面粉过筛备用。

❷ 鸡蛋放至室温备用。

Candy 小语

做这款蛋糕的关键是烘烤温度、时间一定要控制好。如果烘烤时间太长，就没有软心的效果了。实在是不小心烤过了，也不影响食用，还别有一番风味哦！

1 ○ 融化巧克力黄油

1–1. 黑巧克力和无盐黄油隔温水完全融化。

TIPS 融化黑巧克力和无盐黄油的温水不能超过50℃，因为水温过高，会让巧克力里的可可脂分离，产生结块。

2 ○ 打发全蛋

2–1. 全蛋液和蛋黄中加入细砂糖，用电动打蛋器打发。

2–2. 蛋糊打发至体积变大、颜色变白、变浓稠即可。

2–3. 把打发好的蛋糊倒入黑巧克力与无盐黄油的混合物中，搅拌均匀。

2–4. 加入朗姆酒，用手动打蛋器搅拌均匀。

3 ○ 加入面粉，搅拌面糊

3–1. 加入低筋面粉，搅拌均匀。

3–2. 拌好的蛋糕糊盖上保鲜膜，放入冰箱冷藏30分钟。

4 ○ 造型烘烤

4–1. 冷藏好的蛋糕糊倒入玻璃杯，装七分满，放入预热好的烤箱烘烤。

TIPS

210℃，上下火，烤箱中层，烤8分钟。

抹茶红豆漩涡蛋糕

烘焙温度：165℃，上下火，中层

烘焙时间：20分钟

成品数量：9寸（约23厘米）蛋糕1个

材料准备

［蛋糕坯材料］低筋面粉 70 克，抹茶粉 7 克，鸡蛋 4 个，细砂糖 85 克，牛奶 18 克，无盐黄油 20 克

［酒糖液材料］矿泉水 20 克，细砂糖 5 克，朗姆酒 5 克

［红豆夹心材料］淡奶油 200 克，红豆 30 克，细砂糖 5 克

［表面材料］淡奶油 250 克，细砂糖 25 克，抹茶粉适量

特殊工具准备

28 厘米 × 28 厘米不粘烤盘

操作准备

❶ 低筋面粉和抹茶粉混合过筛备用。

❷ 鸡蛋放至室温备用。

❸ 无盐黄油加入牛奶，隔 35℃温水融化备用。

1 ○─ 打发全蛋

1-1. 鸡蛋打碎，加入细砂糖，用电动打蛋器隔 45℃热水完全打发。

TIPS 鸡蛋要放至室温，打发时要坐 45℃左右的热水，此状态有助于打发及稳定。

2 ○─ 加入面粉

2-1. 过好筛的低筋面粉和抹茶粉分两次加入蛋糊，用刮刀从盆底向上翻拌，拌到手感变重时即可。

3 ○─ 加入黄油，搅拌蛋糕糊

3-1. 黄油和牛奶隔 35℃热水加热至黄油融化。

TIPS

黄油和牛奶一定要保持 35℃左右恒温，这样才容易和面糊混合乳化。

3-2. 用刮刀取一些面糊加入黄油牛奶中，拌匀，搅拌好的黄油糊倒入面糊里，搅拌均匀。

4 入模烘烤

4-1. 烤盘垫油纸后再垫上硅胶垫，蛋糕糊倒入烤盘，放入预热好的烤箱烘烤。

TIPS

165℃，上下火，烤箱中层，烤20分钟。

4-2. 出炉后撕开硅胶垫，放晾网降温。

5 制作酒糖液

5-1. 细砂糖中加入矿泉水，隔温水溶化后再加入朗姆酒，用手动打蛋器搅拌均匀。

5-2. 用羊毛蘸酒糖液均匀刷在蛋糕表面。

TIPS 糖酒液一定要全部刷在蛋糕上，蛋糕的口感会更加湿润。

6 制作夹心

6-1. 淡奶油加红豆和细砂糖，用电动打蛋器打至全发。

7 制作蛋糕坯及外部装饰

7-1. 用蛋糕锯刀把蛋糕片平分成5厘米宽的数条。

7-2. 把蛋糕条铺平放好，用抹刀将奶油全部均匀抹在蛋糕上。

7-3. 将其中一条卷起，放在蛋糕底托中间。

7-4. 将剩下的蛋糕条接着上一条绕着外侧卷上，成漩涡蛋糕。

TIPS 蛋糕片切成5厘米宽的条，做出的漩涡蛋糕成品约为9寸（约23厘米）；切7厘米宽的条，做出的漩涡蛋糕的成品约为6寸（约15厘米）。可根据个人喜欢的大小制作。

8

表面装饰

8-1. 淡奶油加细砂糖（装饰材料部分）用电动打蛋器打至全发。用直抹刀将奶油均匀涂抹在漩涡蛋糕的表面。

8-2. 用抹刀在蛋糕侧面压出造型，用勺子背在蛋糕表面压出造型。

8-3. 均匀筛上抹茶粉装饰。

扫码观看抹茶红豆漩涡蛋糕制作

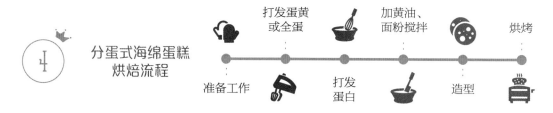

分蛋式海绵蛋糕
烘焙流程

准备工作　打发蛋黄或全蛋　打发蛋白　加黄油、面粉搅拌　造型　烘烤

杏仁蛋糕

烘焙温度：165℃，上下火，中层

烘焙时间：28 分钟

成品数量：9 个

材料准备

全蛋液85克，蛋黄35克，蛋白50克，杏仁粉65克，细砂糖90克（其中蛋黄用50克，蛋白用40克），低筋面粉35克，高筋面粉20克，无盐黄油40克

特殊材料准备

9连贝壳蛋糕模（约5厘米一个）

操作准备

❶ 无盐黄油隔35℃温水融化。黄油一定要保持35℃左右，这样才容易和面糊混合乳化。

❷ 低筋面粉和高筋面粉混合过筛备用。

❸ 鸡蛋放至室温备用。

1 打发全蛋

TIPS 这款蛋糕中添加大量的杏仁粉，所以全蛋液打发至浓稠即可。

1-1. 全蛋液中加入蛋黄、50克细砂糖和杏仁粉。

1-2. 隔热水用电动打蛋器打至全发，呈体积变大、颜色发白且浓稠的状态。

2 打发蛋白

2-1. 40克细砂糖分三次加入蛋白，用打蛋器打至全发。

2-2. 打发的蛋白用刮刀分两次与全蛋糊翻拌均匀。

3 加入面粉、黄油翻拌蛋糕糊

3-1.加入过好筛的低筋面粉和高筋面粉，用刮刀从盆底翻拌，拌到手感变重时即可。

3-2.用刮刀在无盐黄油中加入一点蛋糕糊，搅拌均匀。

3-3.再把黄油糊加入蛋糕糊里，用刮刀翻拌均匀即可。

4 入模烘烤

4-1.蛋糕模刷一层黄油，起防粘作用。

TIPS
也可用不粘模具烘烤。

4-2.蛋糕糊装入裱花袋，裱花袋剪一小口，把蛋糕糊挤入模具。

4-3.放入预热好的烤箱中烘烤，出炉后放晾网冷却脱模。

 165℃，上下火，烤箱中层，烤28分钟。

蜂蜜柠檬磅蛋糕

烘焙温度：175℃，上下火，中层

烘焙时间：40分钟

成品数量：1个

材料准备

[蛋糕坯材料] 低筋面粉 100 克， 无盐黄油 85 克，全蛋液 85 克，细砂糖 40 克，蜂蜜 40 克，泡打粉 2 克，柠檬汁 25 克，柠檬 2 个，盐 0.5 克

[酒糖液材料] 细砂糖 15 克，矿泉水 25 克，柠檬汁 15 克，朗姆酒 15 克

特殊工具准备

21 厘米磅蛋糕模

操作准备

❶ 无盐黄油室温软化。

❷ 低筋面粉和泡打粉混合过筛备用。

❸ 鸡蛋放至室温备用。

❹ 柠檬榨汁备用。柠檬削皮，柠檬皮处理成碎屑，加 5 克细砂糖腌制 15 ~ 20 分钟。

1 ○ 打发黄油

1-1. 无盐黄油软化后加入 35 克细砂糖，用电动打蛋器充分打发。

1-2. 加入盐，打发至黄油体积变大、呈膨松发白的羽毛状。

2 ○ 搅拌全蛋液

2-1. 分三次加入全蛋液，每加入一次都要搅拌均匀至完全吸收，再加入下一次，以免出现蛋油分离。

3 ○ 加入面粉，搅拌蛋糕糊

3-1. 加入过筛的低筋面粉和泡打粉，用刮刀搅拌均匀。

TIPS 低筋面粉和泡打粉混合后要过筛一次，搅拌时才均匀分布，面糊才细腻。

3-2. 加入蜂蜜，搅拌均匀。

3-3. 加入柠檬汁，搅拌均匀。

3-4. 加入腌制好的柠檬屑，搅拌均匀。

4 入模烘烤

4-1. 做好的蛋糕糊倒入模具，放入预热好的烤箱烘烤。

TIPS

175℃，上下火，烤箱中层，烤40分钟。

4-2. 蛋糕出炉后放在晾网上冷却，脱模。

5 制作酒糖液

5-1. 细砂糖加入矿泉水中搅拌至溶化。

5-2. 加入柠檬汁，搅拌均匀。

5-3. 加入朗姆酒，搅拌均匀。

5-4. 蛋糕微温的时候，将酒糖液刷在蛋糕上。不要怕多，一定要把酒糖液全部刷完。

5-5. 包上保鲜膜冷藏保存，两天后即可食用。

TIPS 酒糖液一定要全部刷在蛋糕上，蛋糕才会湿润。

干果磅蛋糕

烘焙温度：175℃，上下火，中下层
烘焙时间：40 分钟
成品数量：1 个

材料准备

[蛋糕坯材料]低筋面粉 90 克，无盐黄油 100 克，全蛋液 75 克，细砂糖 85 克，泡打粉 1 克，蔓越莓干 25 克，葡萄干 25 克，糖渍香橙干 30 克，核桃碎 30 克

[酒糖液材料]细砂糖 15 克，矿泉水 30 克，香草精几滴，朗姆酒 5 克

特殊工具准备

21 厘米磅蛋糕模

操作准备

❶ 无盐黄油室温软化。

❷ 低筋面粉和泡打粉混合过筛备用。

❸ 鸡蛋放至室温备用。

❹ 水果干加入朗姆酒中浸泡备用（泡30分钟以上，风味更好）。

❺ 核桃提前用烤箱160℃烤8分钟，烤出香味，再切碎。

扫码观看干果
磅蛋糕制作

1 ○ 打发黄油

1-1. 无盐黄油软化后加入细砂糖，用电动打蛋器充分打发。

2 ○ 搅拌全蛋液

2-1. 全蛋液分三次加入，每加入一次都要搅拌均匀至完全吸收，再加入下一次，以免出现蛋油分离。

3 ○ 加入面粉，搅拌蛋糕糊

3-1. 加入过好筛的低筋面粉和泡打粉，用刮刀搅拌至面糊有光泽。

3-2. 加入泡好的果干，搅拌均匀。

3-3. 加入核桃碎，搅拌均匀。

4 入模烘烤

4-1. 做好的蛋糕糊倒入模具，放入预热好的烤箱烘烤。

TIPS 175℃，上下火，烤箱中下层，烤20分钟。

4-2. 入炉20分钟的时候，把蛋糕拿出来，用刀蘸水在蛋糕的中间割一刀。再继续烤20分钟。

4-3. 蛋糕出炉后倒扣在晾网上冷却，脱模。

5 制作酒糖液

5-1. 细砂糖加矿泉水搅拌溶化后，滴入香草精，再加入朗姆酒，搅拌均匀。

5-2. 蛋糕微温的时候，将酒糖液刷在蛋糕上。不要怕多，一定要全部刷完。

5-3. 包上保鲜膜冷藏保存，两天后即可食用。

TIPS 酒糖液一定要全部刷在蛋糕上，蛋糕才会湿润。包好保鲜膜，冷藏两天后食用，味道更好。最多可冷藏7～10天。

6

冷藏蛋糕
烘焙流程

搅拌
奶酪糊

入模冷冻

准备工作　　打发
　　　　　淡奶油

制作镜面,
冷藏

百香果芒果
流心芝士蛋糕

成品数量：6寸（约15厘米）蛋糕1个

材料准备

[蛋糕坯材料] 奶油奶酪 120 克，细砂糖 70 克，百香果汁 50 克，芒果蓉 80 克，吉利丁片 5 克，淡奶油 250 克

[镜面材料] 百香果汁 15 克，矿泉水 80 克，细砂糖 30 克，吉利丁片 2.5 克

特殊工具准备

6 寸蛋糕模或 6 寸慕斯圈（约 15 厘米）

操作准备

❶ 奶油奶酪室温软化备用。

❷ 吉利丁片用冰水浸泡至软。

❸ 5 寸（约 13 厘米）戚风蛋糕片一片备用。

1 搅拌奶酪糊

1-1. 奶油奶酪隔温水用手动打蛋器搅拌至顺滑，加入百香果汁，搅拌均匀。

TIPS

奶油奶酪要提前放至室温软化，这样才容易搅拌顺滑。

1-2. 吉利丁片用冰水泡软后隔温水融化，再加入奶酪糊中拌匀。

TIPS 吉利丁片一定要用冰水泡，如果水温过高会融化吉利丁片，影响蛋糕的凝固。
如果奶酪糊中有小颗粒，可过筛一次。

2 打发淡奶油

2-1. 淡奶油中加入细砂糖，用电动打蛋器打至六分发。

2-2. 打发好的淡奶油加入奶酪糊中，用刮刀拌匀。

3 入模冷冻

3-1. 戚风蛋糕片铺在 6 寸蛋糕模底部。如果用慕斯圈，则底部需包一层锡纸或者保鲜膜，防止蛋糕糊溢出。

3-2. 将 1/3 搅拌好的奶酪糊倒入模具，放入冰箱冷冻20分钟。

3-3. 在蛋糕中间放一个小的圆形模具（展艺 ZY1608），倒入芒果蓉，再将 1/3 搅拌好的奶酪糊倒在芒果蓉外围（入模前奶酪糊需重新翻拌一下），然后取出小模具。

3-4. 剩余的奶酪糊装入裱花袋，裱花袋剪一小口，将奶酪糊均匀覆盖在芒果蓉上，放入冰箱冷冻 30 分钟。

4 制作镜面

 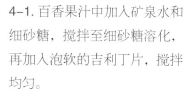

4-1. 百香果汁中加入矿泉水和细砂糖，搅拌至细砂糖溶化，再加入泡软的吉利丁片，搅拌均匀。

 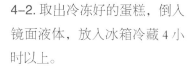

4-2. 取出冷冻好的蛋糕，倒入镜面液体，放入冰箱冷藏 4 小时以上。

4-3. 取出蛋糕，用电吹风热风吹在模具外侧，直到蛋糕脱模。

樱花芝士蛋糕

成品数量: 7 寸蛋糕 1 个或 8 厘米
口径的杯子蛋糕 6 个

材料准备

[蛋糕坯材料] 盐渍樱花若干, 矿泉水 200 克, 细砂糖 30 克, 吉利丁片 5 克

[奶酪糊材料] 奶油奶酪 250 克, 酸奶 150 克, 细砂糖 60 克, 蛋黄 2 个, 吉利丁片 10 克, 朗姆酒 5 克, 淡奶油 200 克

特殊工具准备

6 寸 (约 15 厘米) 蛋糕模 1 个或 6 个 8 厘米口径的玻璃杯

操作准备

❶ 奶油奶酪室温软化备用。

❷ 吉利丁片在冰水中浸泡。

❸ 戚风蛋糕片若干。

1 搅拌奶酪糊

1-1. 蛋黄中加入细砂糖, 隔水加热, 用手动打蛋器搅拌至细砂糖溶化, 颜色变淡。

1-2. 奶油奶酪隔热水搅拌至顺滑。

TIPS 蛋黄搅拌所坐的热水温度不能过高, 45℃即可, 以免把蛋黄烫熟, 产生颗粒。

1-3. 奶油奶酪加入蛋黄糊中, 搅拌均匀。

1-4. 吉利丁片泡软后, 加入奶酪糊中搅拌均匀。

1-5. 加入酸奶, 搅拌均匀。

2 ○ 打发淡奶油

2-1. 淡奶油用电动打蛋器打至六分发。

TIPS

淡奶油打六分发即可，打发太过会影响口感。

2-2. 打发好的淡奶油加入奶酪糊，用刮刀翻拌均匀。

2-3. 加入朗姆酒，搅拌均匀。

3 ○ 造型冷冻

3-1. 戚风蛋糕片裁成杯子底面大小，铺在杯子底部，倒入奶酪糊。

3-2. 放入冰箱冷冻 30 分钟。

4 ○ 制作镜面

4-1. 盐渍樱花在温水中浸泡一会儿，洗干净。

4-2. 矿泉水中加入细砂糖，用手动打蛋器搅拌均匀后，加入泡软的吉利丁片，隔温水融化。

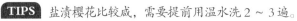

TIPS 盐渍樱花比较咸，需要提前用温水洗 2～3 遍。

4-3. 取出蛋糕，倒入镜面液体，放上樱花装饰，入冰箱冷藏 4 小时以上。

Love Baking

PART 4

爱上
香甜面包
的千丝万缕

★ 新手推荐 ★

淡奶油吐司

牛奶排包

酥软面包是如何出炉的？

1. 制作面包的基本材料

面粉：面粉是由小麦磨成的粉状物，做面包需要用高筋面粉，它的蛋白质含量为 11% ~ 13%。饺子粉属于中筋面粉，做面包不能用中筋面粉。

酵母：面包发酵一般选用**即发型高活性干酵母**，新鲜酵母也可以，但新鲜酵母保质期短，一般只有 7 ~ 45 天。酵母开封后需要用封口夹夹好，放入冰箱冷藏保存。如果采用新鲜酵母制作面包，需要先用温水（不能超过 38℃）将酵母化开，才能使酵母活化。如果采用即发型高活性干酵母来制作面包，把干酵母直接添加到面粉里就可以了。**本书配方中的酵母均指即发型高活性干酵母。**

配方中的糖和盐会影响酵母的发酵，所以糖和盐不能直接接触酵母。我个人喜欢面团揉制到扩展阶段的时候再放盐和黄油继续揉制。

2. 面团揉制

面团的搅拌就是揉面过程，让面团产生面筋。面筋多，面包的组织才够细腻。只有蛋白质含量足够高，才能形成足够多的面筋，所以做面包需要用高筋面粉。

为了省时省力，揉面可以用面包机的和面功能完成。通过不停的搅拌，面筋的强度逐渐增加，形成柔软的面团。

面团的扩展阶段：取一小块面团，用手慢慢抻开，当面团形成透光的薄膜，用手捅破后，破口边沿呈锯齿状，此时的面团达到扩展阶段，可以在这时加入盐和无盐黄油。要制作甜面包或调理面包，把面团揉到这样的程度就可以了，口感松软。

面团的完全扩展阶段：继续搅拌，到面团能拉出透明且有弹性的手套薄膜，用手捅破薄膜，破口呈现光滑的圆形，面团达到完全扩展阶段。制作吐司等这类体积较膨大的面包时，需要将面团揉到这个阶段，成品能拉丝，且口感柔软。

3. 面团发酵

面团发酵一般分为第一次发酵（又叫基础发酵）、中间发酵（又叫醒发、松弛）和第二次发酵（又叫最后发酵）。

面团的发酵建议使用带低温发酵功能的烤箱，能精确控温并调节适宜的湿度。用烤箱发酵能大大提高面包制作的成功率。

基础发酵（约60分钟）：可室温发酵，但必须盖上保鲜膜。也可以用烤箱的发酵功能：**烤盘放温水，调至28℃，放入面团，发酵60分钟，发酵到2～2.5倍大**。此时，用手指蘸面粉，在面团上戳一个洞，洞口不回弹不回缩即可。如果洞口周围的面团塌陷，则说明发酵过度。

中间发酵（约15分钟）：发酵完成后，将面团揉搓排气，然后分割成需要的大小，揉成光滑的小圆球状，进行中间发酵（约15分钟）。

整形：中间发酵完成后，把面团整理成需要的形状。每款面包的整形方法都不同，整形时一定注意要将面团中的气体排出，只要有气体残留在面团中，最后成品的组织中就会有大的空洞。

最后发酵（约60分钟）：一般要求在38℃左右的温度、85%以上的湿度下进行，大约需要40分钟至1小时，发酵到面团变成两倍大即可。发酵时建议使用烤箱的发酵功能，烤盘放温水。

4. 面包烘烤

烘烤之前，可以在面包表面刷一层蛋液。注意不要用力触碰面团，因为面团非常柔软，轻微的触碰都会在面团表面留下痕迹。如果喜欢烤面包呈现原始的金黄色，也可以不用刷蛋液。

烘烤时要注意温度与时间，随时观察，不要上色太深或因烘烤时间过长影响面包的外观及口感。

5. 面包的保存

面包一般在室温下可保存 1～2 天。如果想保存较长时间，可放入冰箱冷冻室，想吃时取出放室温下自然解冻后即可食用。也可用烤箱加热。注意，面包不能冷藏保存！因为冷藏会加速面包中淀粉的老化，让面包口感变硬。

面包
烘焙流程

准备工作

面团揉制

基础发酵

中间发酵

面包整形

最后发酵

烘烤

淡奶油吐司

烘焙温度：165℃，上下火，下层

烘焙时间：45分钟

成品数量：450克吐司1个

材料准备

高筋面粉 255 克，细砂糖 40 克，盐 2 克，酵母 4 克，全蛋液 32 克，淡奶油 92 克，牛奶 68 克

特殊工具准备

450 克吐司模

扫码观看淡奶油
吐司制作

1 面团揉制

1-1. 将全部材料投入面包机，启动和面功能，揉到完全扩展阶段（约 30 分钟）。

1-2. 此时，面团能拉出透明且有弹性的手套状薄膜，用手捅破薄膜，呈现光滑的圆形。

2 基础发酵、中间发酵

2-1. 将面团揉搓排气，滚圆后放入碗里，放在温暖处进行基础发酵。也可以使用烤箱发酵功能：烤盘放温水，28℃，烤60 分钟。

2-2. 发酵至面团成两倍大。

2-3. 手指蘸高筋面粉戳一下面团，戳出的洞不回弹不回缩即可。

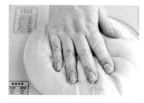

2-4. 将面团排气并等分成三份,滚圆后松弛 15 分钟。

3 面团整形

3-1. 将松弛后的面团擀成椭圆形,然后翻面,从上往下卷起,继续松弛 10 分钟。

3-2. 将面团擀长,压薄收边,从上往下卷起。另外两个面团也做同样的处理。

4 入模后发酵,烘烤

4-1. 将整好形的面团放入吐司模中,在温暖湿润处进行最后的发酵。也可以使用烤箱发酵功能:设定 38℃烤 60 分钟,烤盘中必须放温水,用水浴法。

4-2. 待面团发酵至九分满时,在表面刷一层鸡蛋液,放入预热好的烤箱里烘烤。

4-3. 出炉后立刻脱模,置于晾网上放凉。

TIPS 165℃,上下火,烤箱下层,烤 45 分钟。

牛奶排包

烘焙温度：175℃，上下火，中下层

烘焙时间：18 分钟

成品数量：18 厘米 ×18 厘米排包 1 个

材料准备

高筋面粉 210 克，牛奶 85 克，淡奶油 60 克，细砂糖 29 克，盐 2.5 克，酵母 2.5 克，无盐黄油 15 克，全蛋液 11 克

特殊工具准备

18 厘米 × 18 厘米不粘膜

1 ○ 面团揉制

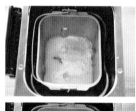

1-1. 将高筋面粉、牛奶、淡奶油、细砂糖、全蛋液和酵母投入面包机，启动和面功能。

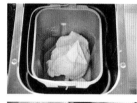

1-2. 揉 20 分钟后，加入盐和无盐黄油，继续揉至完全扩展阶段（约 10 分钟）。

1-3. 面团能拉出透明且有弹性的手套状薄膜，用手捅破薄膜，呈现光滑的圆形。

2 ○ 基础发酵、中间发酵

2-1. 将面团揉搓排气，滚圆后放入碗里，放在温暖处进行基础发酵。也可以使用烤箱发酵功能：烤盘放温水，28℃，烤 60 分钟。

2-2. 面团发酵到两倍大时，手指蘸高筋面粉戳一下，不回弹不回缩即可。

2-3.将面团排气并等分成五份,滚圆,松弛 15 分钟。

3 面包整形

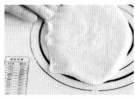

3-1.将松弛后的面团擀成椭圆形,翻面后压薄一边,从另一边往薄边卷成长条。

3-2.依次卷好剩余 4 条。

4 最后发酵、烘烤

4-1.将面团排放在不粘模具里,在温暖湿润处进行最后的发酵。也可以使用烤箱发酵功能:烤盘放温水,38℃,烤 60 分钟。

4-2.发酵至九分满,在表面刷一层全蛋液,放入预热好的烤箱里烘烤。

TIPS

175℃,上下火,烤箱中下层,烤 18 分钟。

椰蓉面包

烘焙温度：170℃，上下火，中下层
烘焙时间：28 分钟
成品数量：1 个

材料准备

[面包坯材料] 高筋面粉 155 克，奶粉 10 克，细砂糖 20 克，盐 1.5 克，酵母 3 克，全蛋液 15 克，水 70 克，无盐黄油 15 克

[椰蓉馅材料] 无盐黄油 25 克，全蛋液 35 克，椰蓉 40 克，细砂糖 20 克

特殊工具准备

21 厘米不粘模具

操作准备

制作馅料用的无盐黄油 25 克放室温软化。

1 面团揉制

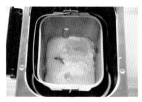

1-1. 将高筋面粉、奶粉、细砂糖、全蛋液、酵母和水放入面包机，启动和面功能。

1-2. 揉 20 分钟后，加入盐和无盐黄油，继续揉至完全扩展阶段（约 10 分钟）。

1-3. 面团能拉出透明且有弹性的手套状薄膜，用手捅破薄膜，呈现光滑的圆形状态。

2 基础发酵、中间发酵

2-1. 滚圆后放入碗里，放在温暖处进行基础发酵。也可以使用烤箱发酵功能：烤盘放温水，28℃，烤 60 分钟。

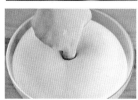

2-2. 面团发酵到两倍大时，手指蘸高筋面粉戳一下，不回弹不回缩即可。

2-3. 将面团排气并等分成四份，滚圆，松弛 15 分钟。

3 制作椰蓉馅

3-1. 室温软化的无盐黄油加入细砂糖，搅拌均匀。

3-2. 加入全蛋液，搅拌均匀。

3-3. 加入椰蓉，搅拌均匀。

4 整形烘烤

4-1. 将松弛后的面团擀成椭圆形，然后翻面，铺上椰蓉馅。

4-2. 从上往下卷起。卷好的面团切成两半。

5 最后发酵、烘烤

5-1. 将面团放入模具中，在温暖湿润处进行最后的发酵。也可以使用烤箱发酵功能：烤盘放温水，38℃，烤60分钟。

5-2. 发至九分满，刷一层全蛋液，放入预热好的烤箱里烘烤。

TIPS

170℃，上下火，烤箱中下层，烤28分钟。

5-3. 出炉后立刻脱模，置于晾网上放凉。

奶酪包

烘焙温度：165℃，上下火，中下层

烘焙时间：28 分钟

成品数量：1 个（分 4 块）

材料准备

［面包坯材料］高筋面粉 100 克，低筋面粉 26 克，细砂糖 24 克，盐 1.5 克，酵母 1.5 克，全蛋液 15 克，奶粉 6 克，水 60 克，无盐黄油 16 克

［奶酪酱材料］奶油奶酪 100 克，淡奶油 35 克，细砂糖 15 克

特殊工具准备

6 寸（约 15 厘米）圆形模具

1 面团揉制

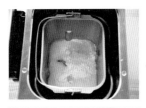

1-1. 将高筋面粉、低筋面粉、全蛋液、奶粉、细砂糖、酵母和水放入面包机，启动和面功能。

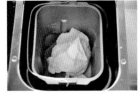

1-2. 揉 20 分钟后，加入盐和无盐黄油，继续揉至完全扩展阶段（约 10 分钟）。

1-3. 面团能拉出透明且有弹性的手套状薄膜，用手捅破薄膜，呈现光滑的圆形。

2 基础发酵、中间发酵

2-1. 将面团揉搓排气，滚圆后放入碗里，放在温暖处进行基础发酵。也可以使用烤箱发酵功能：烤盘放温水，28℃，烤 60 分钟。

2-2. 面团发酵到两倍大时，手指蘸高筋面粉戳一下，不回弹不回缩即可。

3 最后发酵、整形烘烤

3-1. 将面团排气并滚圆，放入模具中，在温暖湿润处进行最后的发酵。也可以使用烤箱发酵功能：烤盘放温水，38℃，烤 60 分钟。

3-2. 发至九分满时，表面刷一层全蛋液，放入预热好的烤箱里烘烤。

TIPS 165℃，上下火，烤箱中下层，烤28分钟。

4 制作奶酪酱

4-1. 利用烘烤时间，制作奶酪酱：奶油奶酪和细砂糖混合，隔热水搅拌顺滑。

4-2. 加入淡奶油，搅拌均匀，完成奶酪酱的制作。

5 夹馅装饰

5-1. 面包出炉后立刻脱模，置于晾网上放凉，切成四份。

5-2. 每一份再切两刀，刀口处抹上奶酪酱。

5-3. 蘸上奶粉即可。

扫码观看奶酪包制作

乡村全麦面包

烘焙温度：200℃，上下火，中层

烘焙时间：30 分钟

成品数量：1 个

材料准备

高筋面粉 200 克，全麦粉 50 克，细砂糖 20 克，盐 3 克，酵母 3 克，水 130 克

特殊工具准备

450 克吐司藤篮

扫码观看乡村全麦
面包制作

1 面团揉制

1–1. 将全部材料放入面包机，启动和面功能，揉至完全扩展阶段（约需 30 分钟）。

1–2. 面团能拉出透明且有弹性的手套状薄膜，用手捅破薄膜，呈现光滑的圆形。

2 基础发酵、中间发酵

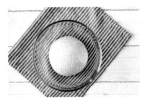

2–1. 面团揉搓排气，滚圆后放入碗里，放在温暖处进行基础发酵。也可以使用烤箱发酵功能：烤盘放温水，28℃，烤 60 分钟。

2–2. 面团发酵到两倍大时，手指蘸高筋面粉戳一下，不回弹不回缩即可。

2–3. 将面团排气并滚圆。

3 最后发酵、烘烤

3–1. 面团放入撒了干粉的藤篮中，在温暖湿润处进行最后的发酵。也可以使用烤箱发酵功能：烤盘放温水，38℃，烤 60 分钟。

3–2. 发至九分满，倒扣在烤盘上，表面筛一点面粉，划"十"字，放入预热好的烤箱里烘烤。

TIPS 200℃，上下火，烤箱中层，烤 30 分钟。

红豆包

烘焙温度：175℃，上下火，中下层

烘焙时间：12分钟

成品数量：4个

材料准备

[面包材料] 高筋面粉 89 克，低筋面粉 22 克，细砂糖 9 克，盐 1 克，酵母 1.3 克，全蛋液 11 克，水 58 克，无盐黄油 9 克

[馅料] 蜜红豆 80 克，表面装饰用黑芝麻适量

1 面团揉制

1-1. 除盐和黄油以外，将其他材料投入面包机，启动和面功能。

1-2. 20 分钟后，加入盐和无盐黄油，继续揉至完全扩展阶段（约 10 分钟）。

1-3. 面团能拉出透明且有弹性的手套状薄膜，用手捅破薄膜，呈现光滑的圆形。

2 基础发酵、中间发酵

2-1. 滚圆后放入碗里，放在温暖处进行基础发酵。也可以使用烤箱发酵功能：烤盘放温水，28℃，烤 60 分钟。

2-2. 面团发酵到 2 倍大时，用手指蘸高筋面粉戳一下，不回弹不回缩即可。

2-3. 将面团排气并等分成四份，滚圆，松弛 15 分钟。

3 ○ 面团整形

3-1. 将松弛后的面团擀成圆饼状，中间放蜜红豆。

3-2. 用两只手把面皮慢慢往上推，包裹住红豆。推时要注意力度，尽量让饼皮厚薄均匀，不要露馅。

4 ○ 最后发酵、烘烤

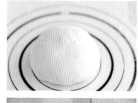

4-1. 在温暖湿润处进行最后的发酵。也可以使用烤箱发酵功能：烤盘放温水，38℃，烤60分钟。

4-2. 面团发好后，刷一层全蛋液，撒上黑芝麻，放入预热好的烤箱里烘烤。

TIPS

175℃，上下火，烤箱中下层，烤12分钟。

蒜香包

烘焙温度：175℃，上下火，中下层

烘焙时间：12分钟

成品数量：4个

材料准备

［面包坯材料］高筋面粉89克，低筋面粉22克，细砂糖9克，盐1克，酵母1.3克，全蛋液11克，水58克，无盐黄油9克

［蒜蓉酱］无盐黄油25克，蒜蓉10克，盐1克，披萨草适量

1 面团揉制

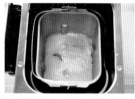

1-1. 将高筋面粉、低筋面粉、细砂糖、全蛋液、酵母和水放入面包机，启动和面功能。

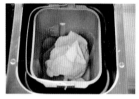

1-2. 揉 20 分钟后，加入盐和无盐黄油，继续揉至完全扩展阶段（约 10 分钟）。

1-3. 面团能拉出透明且有弹性的手套状薄膜，用手捅破薄膜，呈现光滑的圆形。

2 基础发酵、中间发酵

2-1. 面团揉搓排气，滚圆后放入碗里，放在温暖处进行基础发酵。也可以使用烤箱发酵功能：烤盘放温水，28℃，烤 60 分钟。

2-2. 面团发酵到两倍大时，手指蘸高筋面粉戳一下，不回弹不回缩即可。

3 面团整形，最后发酵

3-1. 将面团排气并等分成四份，滚圆，松弛 15 分钟。

3-2. 将松弛后的面团擀成椭圆形。

3-3. 然后翻面，压薄一边，从厚的一侧卷起，在温暖湿润处进行最后的发酵。也可以使用烤箱发酵功能：烤盘放温水，38℃，烤60分钟。

4 ○ 制作蒜蓉酱

4-1. 利用发酵的时间，将无盐黄油、蒜蓉和盐混合，用刮刀搅拌均匀，成蒜蓉酱，装入裱花袋。

5 ○ 加料烘烤

5-1. 发酵结束后，在面包表面割一刀。装蒜蓉酱的裱花袋剪一小口，将蒜蓉酱挤在刀口处。

5-2. 撒上披萨草，放入预热好的烤箱里烘烤。

TIPS

175℃，上下火，烤箱中下层，烤12分钟。

蔓越莓奶酥包

烘焙温度：165℃，上下火，中下层
烘焙时间：28分钟
成品数量：1个

材料准备

［面包坯材料］高筋面粉 200 克，细砂糖 30 克，盐 2 克，蛋黄一个，酵母 2.5 克，淡奶油 100 克，牛奶 40 克，无盐黄油 15 克

［奶酥粒材料］糖粉 15 克，低筋面粉 25 克，奶粉 3 克，无盐黄油 20 克

［装饰材料］蔓越莓干少许

1 ○ 面团揉制

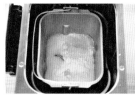

1-1.将高筋面粉、细砂糖、蛋黄、酵母、淡奶油、牛奶放入面包机，启动和面功能。

1-2.揉 20 分钟后，加入盐和无盐黄油，继续揉至完全扩展阶段（约 10 分钟）。

1-3.面团能拉出透明且有弹性的手套状薄膜，用手捅破薄膜，呈现光滑的圆孔。

2 基础发酵、中间发酵

2-1. 面团取出后稍加揉搓排气，滚圆后放入碗里，放在温暖处进行基础发酵。也可以使用烤箱发酵功能：烤盘放温水，28℃，烤60分钟。

2-2. 面团发酵到两倍大时，手指蘸高筋面粉戳一下，不回弹不回缩即可。

2-3. 将面团排气并等分成三份，滚圆，松弛15分钟。

3 制作奶酥粒

3-1. 利用面团发酵的时间，制作奶酥粒：所有粉类过筛混合，加入无盐黄油，揉搓成细沙状即可。

4 面团整形

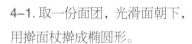

4-1. 取一份面团，光滑面朝下，用擀面杖擀成椭圆形。

4-2. 从面团宽的一侧开始卷起，在收口处捏紧，并揉成圆柱形。

4-3. 重复步骤 4-1 和 4-2，搓成三条大小一致的圆柱形，将它们的头捏在一起。

4-4. 用编三股辫的手法编好面团。

4-5. 尾部收口位置捏紧。

5 ○ 最后发酵、烘烤

5-1. 整形好的面团放在温暖湿润处进行最后的发酵。也可以使用烤箱发酵功能：烤盘放温水，38℃，烤 60 分钟。发酵后，在表面撒上奶酥粒和蔓越莓干。

5-2. 放入预热好的烤箱烘烤。

TIPS 165℃，上下火，烤箱中下层，烤 28 分钟。

披萨面包

烘焙温度：175℃，上下火，中下层
烘焙时间：12 分钟
成品数量：3 个

材料准备

高筋面粉 79 克，低筋面粉 20 克，细砂糖 18 克，盐 1 克，酵母 1.3 克，水 45 克，无盐黄油 12 克，披萨酱适量，马苏里拉奶酪 50 克，香肠 1 根

1 面团揉制

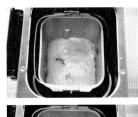

1-1. 将高筋面粉、低筋面粉、细砂糖、酵母和水放入面包机，启动和面功能。

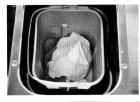

1-2. 揉 20 分钟后，加入盐和无盐黄油，继续揉至完全扩展阶段（约 10 分钟）。

1-3. 面团能拉出透明且有弹性的手套状薄膜，用手捅破薄膜，呈现光滑的圆形。

2 基础发酵

2-1. 面团揉搓排气，滚圆后放入碗里，放在温暖处进行基础发酵。也可以使用烤箱发酵功能：烤盘放温水，28℃，烤 60 分钟。

2-2. 面团发酵到两倍大时，手指蘸高筋面粉戳一下，不回弹不回缩即可。

3 中间发酵、面团整形

3-1. 将面团排气并等分成三份，滚圆后松弛 15 分钟。

3-2. 将松弛后的面团擀成圆形，放入烤盘中。

4 最后发酵、加料烘烤

4-1. 用叉子在面团上戳几个孔，在温暖湿润处进行最后的发酵。也可以使用烤箱发酵功能：烤盘放温水，38℃，烤 60 分钟。

4-2. 发酵结束后，在表面刷一层披萨酱，放马苏里拉奶酪和香肠片，放入预热好的烤箱烘烤。

TIPS

175℃，上下火，烤箱中下层，烤 12 分钟。

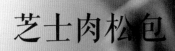

芝士肉松包

烘焙温度：175℃，上下火，中下层

烘焙时间：12分钟

成品数量：4个

材料准备

高筋面粉 110 克，低筋面粉 28 克，细砂糖 12 克，盐 1.5 克，酵母 1.8 克，全蛋液 15 克，水 73 克，无盐黄油 12 克，芝士片 4 片，肉松 60 克，黑芝麻适量

1 ○ 面团揉制

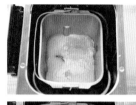

1-1. 将高筋面粉、低筋面粉、细砂糖、全蛋液、酵母和水放入面包机，启动和面功能。

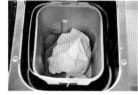

1-2. 揉 20 分钟后，加入盐和无盐黄油，继续揉至完全扩展阶段（约 10 分钟）。

1-3. 面团能拉出透明且有弹性的手套状薄膜，用手捅破薄膜，呈现光滑的圆形。

2 ○ 基础发酵、中间发酵

2-1. 面团揉搓排气，滚圆后放入碗里，放在温暖处进行基础发酵。也可以使用烤箱发酵功能：烤盘放温水，28℃，烤 60 分钟。

2-2. 面团发酵到两倍大时，手指蘸高筋面粉戳一下，不回弹不回缩即可。

2-3. 将面团排气并等分成四份，滚圆后松弛 15 分钟。

3 ○ 面团整形

3-1. 将松弛好的面团擀成椭圆形，在下半截开始划三刀，尾部留 2 厘米不割断。

3-2. 在另一端放肉松和芝士片，从上边往下边卷起，割开的口保持在表面。

3-3. 整团完成。依此法完成其他面团的整形。

4 ○ 最后发酵、烘烤

4-1. 在温暖湿润处进行最后的发酵。也可以使用烤箱发酵功能：烤盘放温水，38℃，烤 60 分钟。

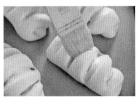

4-2. 发酵结束后，面团表面刷全蛋液，撒上黑芝麻，放入预热好的烤箱里烘烤。

TIPS

175℃，上下火，烤箱中下层，烤 12 分钟。

肠仔包

烘焙温度：175℃，上下火，中下层
烘焙时间：12分钟
成品数量：4个

材料准备

高筋面粉 89 克，低筋面粉 22 克，细砂糖 9 克，盐 1 克，酵母 1.3 克，水 58 克，无盐黄油 9 克，披萨酱适量，香肠 4 根

1 面团揉制

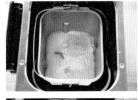

1-1. 将高筋面粉、低筋面粉、细砂糖、酵母和水放入面包机，启动和面功能。

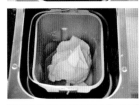

1-2. 揉 20 分钟后，加入盐和无盐黄油，继续揉至完全扩展阶段（约 10 分钟）。

1-3. 面团能拉出透明且有弹性的手套状薄膜，用手捅破薄膜，呈现光滑的圆形。

2 　基础发酵、中间发酵

2-1. 滚圆后放入碗里，放在温暖处进行基础发酵。也可以使用烤箱发酵功能：烤盘放温水，28℃，烤60分钟。

2-2. 面团发酵到两倍大时，手指蘸高筋面粉戳一下，不回弹不回缩即可。

3 　面团整形、最后发酵

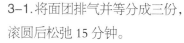 

3-1. 将面团排气并等分成三份，滚圆后松弛15分钟。

3-2. 将松弛后的面团擀成椭圆形。

3-3. 翻面后压薄一边，从厚的一侧向另一侧卷成长条。

3-4. 将卷成条的面团对折，两头相接处捏紧，中间放肠仔。在温暖湿润处进行最后的发酵。也可以使用烤箱发酵功能：烤盘放温水，38℃，烤60分钟。

4 　加料烘烤

4-1. 发酵结束后，将披萨酱装入裱花袋，裱花袋剪一小口，在面包表面挤出"之"字形。放入预热好的烤箱里烘烤。

TIPS

175℃，上下火，烤箱中下层，烤12分钟。

芝士火腿披萨

烘焙温度：230℃，上下火，中下层

烘焙时间：12分钟

成品数量：8寸（约20厘米）披萨1个

材料准备

[饼坯材料]高筋面粉 85 克，低筋面粉 15 克，细砂糖 7 克，盐 1.5 克，酵母 2 克，水 52 克，无盐黄油 5 克

[馅料]披萨酱 50 克，马苏里拉奶酪碎 50 克，火腿 6 片，蘑菇 2 个，黄椒 1/4 个、圣女果 3 ~ 4 个

特殊工具准备

8 寸（约 20 厘米）披萨不粘烤盘

操作准备

❶ 马苏里拉奶酪切碎。

❷ 火腿、蘑菇、黄椒、圣女果，切开备用。

1 ○ 面团揉制

1–1. 将高筋面粉、低筋面粉、细砂糖、酵母和水放入面包机，启动和面功能。

1–2. 揉 20 分钟后，加入盐和无盐黄油，继续揉至完全扩展阶段（约 10 分钟）。

1–3. 面团能拉出透明且有弹性的手套状薄膜，用手捅破薄膜，呈现光滑的圆形。

2 ○ 基础发酵、中间发酵

2–1. 面团揉搓排气，滚圆后放入碗里，放在温暖处进行基础发酵。也可以使用烤箱发酵功能：烤盘放温水，28℃，烤 60 分钟。

2-2. 面团发酵到两倍大时，手指蘸高筋面粉戳一下，不回弹不回缩即可。

 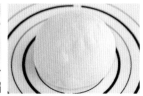

2-3. 将面团排气，滚圆后松弛15分钟。

3 最后发酵，加料烘烤

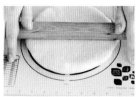 

3-1. 将松弛好的面团擀成直径约22厘米的圆形。

3-2. 放在披萨不粘盘里，用手调整一下饼皮，中间薄外层一圈厚一些。再用叉子在饼坯上戳几个孔。

3-3. 刷一层披萨酱，放一层马苏里拉奶酪碎，铺上火腿片、蘑菇、黄椒、圣女果，最后再放一层马苏里拉奶酪碎。

3-4. 放入预热好的烤箱里烘烤。

TIPS

230℃，上下火，烤箱中下层，烤12分钟。

焦糖奶油酱

PART 5

让人难以抗拒的

人气甜点

草莓酱

蓝莓酱

★ 新手推荐 ★

草莓酱　蓝莓酱　焦糖奶油酱

黑芝麻牛轧糖　蔓越莓牛轧糖

芒果布丁　雪媚娘

草莓酱

扫码观看草莓酱制作

材料准备

草莓 250 克，细砂糖 50 克，玉米糖浆 30 克，新鲜柠檬半个

1.草莓洗净，沥干水，去蒂并切碎，放进锅中。

2.新鲜柠檬榨汁。

TIPS

柠檬汁可以防止果肉加热时变色，也可以调节果酱的风味。

3.细砂糖倒入草莓中，大致拌均匀，静置约半小时待草莓出水。

4.加入柠檬汁，搅拌均匀。

5.小火加热，煮至沸腾时加入玉米糖浆。

TIPS 添加玉米糖浆，可缩短熬制果酱的时间，如没有也可以不加，但要适当增加细砂糖的量。

6.继续煮至变浓稠即可。

7.倒入玻璃瓶，拧紧瓶盖，倒置隔绝空气，放凉后置于冰箱冷藏保存。

TIPS 储存果酱的玻璃瓶一定要提前消毒。

蓝莓酱

材料准备

蓝莓 300 克，细砂糖 60 克，玉米糖浆 30 克，新鲜柠檬半个

1. 新鲜柠檬榨汁。

TIPS

柠檬汁可以防止果肉加热时变色，也可以调节果酱的风味。

2. 细砂糖倒入盛有蓝莓的锅中，用搅拌棒大致拌均匀。

3. 加入柠檬汁，搅拌均匀。

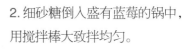

4. 小火加热，煮至沸腾时加入玉米糖浆。

TIPS 添加玉米糖浆，可缩短熬制果酱的时间，如没有也可以不加，但要适当增加细砂糖的量。

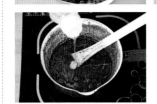

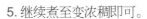

5. 继续煮至变浓稠即可。

6. 倒入玻璃瓶，拧紧瓶盖，倒置隔绝空气，放凉后置于冰箱冷藏保存。

TIPS 储存果酱的玻璃瓶一定要提前消毒。

焦糖奶油酱

材料准备

细砂糖 180 克，淡奶油 300 克，水 25 克，海盐 1 克，无盐黄油 40 克

1. 细砂糖中加入水，中小火慢慢烧开。

2. 熬砂糖的同时，取奶锅倒入淡奶油，加热至沸腾并保温在 40℃。

3. 观察熬糖的锅中糖的颜色，出现浅褐色时，就要密切关注，煮至呈琥珀色时立即关火。

> **TIPS** 熬制焦糖的锅不宜太小，锅底要选加厚的。因为加入淡奶油后，焦糖会剧烈沸腾，锅太小容易溢出，锅底太薄会导致熬焦糖时导热过快，熬煮过度。

4. 迅速倒入加热好的淡奶油，边倒边搅拌均匀。

> **TIPS** 淡奶油一定要保持 40℃左右的温度，如果温度过低，倒入焦糖锅里会让焦糖凝固。

5. 再次开火，加入海盐，煮至
变浓稠。

TIPS

海盐可以不加，加了风味更佳。

6. 加入无盐黄油，搅拌均匀即
可。

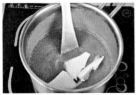

7. 倒入玻璃瓶，拧紧瓶盖，倒
置隔绝空气，放凉后置于冰箱
冷藏保存。

TIPS 储存奶油酱的玻璃瓶一定要消毒过的，装入奶油酱后拧紧瓶盖，再倒置
隔绝空气，放凉后入冰箱冷藏即可。

黑芝麻牛轧糖

成品数量：约 38 粒

材料准备

黑芝麻 60 克，棉花糖 180 克，无盐黄油 25 克，奶粉 110 克，生花生碎 100 克

特殊工具准备

方形不粘烤盘

操作准备

生花生碎用 150℃、上下火，置烤箱中层烤 15 分钟。

生黑芝麻用 150℃、上下火，置烤箱中层烤 5 分钟。

1 ○ 熬制糖浆

1-1. 无盐黄油放入锅中加热，用刮刀搅拌至融化。

1-2. 加入棉花糖，搅拌至完全融化时关火。

TIPS 熬煮棉花糖时，火不宜太大，过大容易煳，而且成品口感过硬。

1-3. 倒入奶粉，搅拌均匀。

1-4. 倒入烤好的花生碎和黑芝麻，搅拌均匀。

2 ○ 入模整形

2-1. 倒入不粘模具里，压平。

2-2. 放凉后取出，切小块。

2-3. 包上牛轧糖糖纸。

蔓越莓牛轧糖

成品数量：约 38 粒

材料准备

棉花糖 180 克，无盐黄油 25 克，奶粉 110 克，生花生碎 100 克，蔓越莓干 80 克

特殊工具准备

方形不粘烤盘

操作准备

生花生碎用 150℃、上下火，置烤箱中层烤 15 分钟。

1 熬制糖浆

1-1. 无盐黄油放入锅中加热，用刮刀搅拌至融化。

1-2. 加入棉花糖，搅拌至完全融化时关火。

TIPS

熬煮棉花糖时，火不宜太大，过大容易湖，而且成品口感过硬。

1-3. 倒入奶粉，搅拌均匀。

1-4. 倒入烤好的花生碎和蔓越莓干，搅拌均匀。

TIPS 蔓越莓干可换成提子干、糖渍橙皮等果干，制作不同风味的牛轧糖。

2 入模整形

2-1. 倒入不粘模具里，压平。

2-2. 放凉后取出，切块即可。

扫码观看蔓越莓
牛轧糖制作

芒果布丁

成品数量：5杯

材料准备

芒果肉 450 克，淡奶油 150 克，牛奶 100 克，细砂糖 50 克，
吉利丁片 10 克

操作准备

吉利丁片用冷水浸泡备用。

扫码观看芒果布丁制作

1 ○ 搅拌布丁糊

1-1. 淡奶油倒入芒果肉中，搅拌一下，然后用料理机打成芒果蓉。

TIPS 芒果肉可换成其他水果的果肉，制作其他口味的布丁。

1-2. 牛奶中加入细砂糖，用奶锅煮至约 60℃，搅拌至细砂糖溶化。

1-3. 待牛奶温度下降至温热时，加入吉利丁片，搅拌至融化。

1-4. 加入芒果蓉，搅拌均匀。

TIPS 加入牛奶的温度不能过高，约 60℃即可，温度过高，融化吉利丁片时，影响布丁凝固。

2 ○ 入模冷藏

2-1. 过筛一次，可让布丁口感更加顺滑。

2-2. 倒入玻璃杯，放入冰箱冷藏 4 小时以上。

盆栽布丁

成品数量：2 杯

材料准备

奥利奥饼干碎 100 克，淡奶油 110 克，炼乳 25 克

特殊工具准备

布丁模具

1 打发奶油

1-1. 淡奶油用电动打蛋器打至六分发，加入炼乳，用刮刀拌匀。

TIPS

如没有炼乳可换成细砂糖。打发淡奶油时添加炼乳，风味更佳。

1-2. 继续打至八分发，装入裱花袋。

2 入模

2-1. 奥利奥饼干用料理机搅碎。

TIPS

奥利奥饼干也可换成消化饼干。

2-2. 杯子底部铺一层饼干碎，然后挤一圈奶油。

2-3. 如此重复操作 2 ~ 3 遍，在布丁表面插上薄荷叶装饰。

TIPS

布丁放入冰箱冷藏 4 小时后品尝，口感更好。

雪媚娘

成品数量：6 个

材料准备

糯米粉 50 克，玉米淀粉 15 克，牛奶 80 克，细砂糖 58 克，无盐黄油 10 克，淡奶油 200 克，芒果粒适量

特殊工具准备

6 连不粘半球形模具

操作准备

❶ 糯米粉和玉米淀粉混合过筛备用。

❷ 无盐黄油室温软化备用。

1 搅拌面糊

1-1. 牛奶中加入细砂糖，搅拌均匀。

1-2. 加入糯米粉和玉米淀粉，搅拌均匀。

1-3. 过筛一次。

1-4. 隔热水蒸 10 分钟。

1-5. 取出蒸好的面团，加入无盐黄油揉匀。

TIPS

蒸好的面团揉入黄油，会让面皮口感更好。

2 造型冷藏

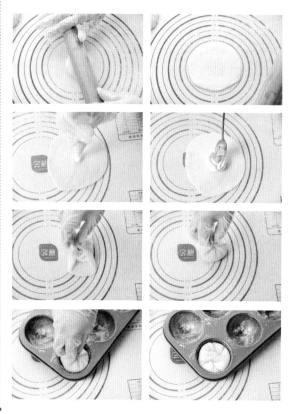

2-1. 揉好的面团平分为6份，取一份在硅胶垫上擀开，直径约12厘米（如果粘手，可以拍些熟糯米粉）。

2-2. 淡奶油打至全发，在面皮中间挤些奶油，放芒果粒。

2-3. 面皮从四周提起，向中心处收口。

TIPS

擀的面皮尽量中间厚四周薄，收口时两只手边转动边向中间捏，这样才能收好口。

2-4. 坯子放在半圆形模具里，放入冰箱冷藏1小时定型。

烤布蕾

烘焙温度：160℃，上下火，中下层
烘焙时间：水浴法30分钟
成品数量：4个

材料准备

淡奶油 100 克，牛奶 180 克，细砂糖 40 克，蛋黄 3 个，香草豆荚 1/2 条

特殊工具准备

布蕾模具 4 个

1 ○ 搅拌蛋黄奶油糊

1-1.蛋黄中加入细砂糖，搅拌均匀。

1-2.香草豆荚剖开，刮出籽，放入牛奶和淡奶油中，煮至 60℃左右。

1-3.等冷却后，倒入搅拌好的蛋黄糊中，混合均匀。

2 ○ 造型烘烤

2-1.蛋黄奶油糊过筛一次。

TIPS

制作好的蛋黄奶油糊必须过筛，过筛多次，口感更好，爽滑细腻。

2-2. 倒入布丁模具中。

TIPS

制作好的蛋黄奶油糊如冷藏 2 天再烘烤，成品口感更佳。

2-3. 烤盘加水，放入布丁模，置预热好的烤箱里烘烤。

TIPS 160℃，上下火，烤箱中下层，水浴法烤 30 分钟。

烤盘里的水尽量多放，烤出的布丁口感更爽滑。

3 表面装饰

3-1. 出炉后放入冰箱冷藏 4 小时，表面撒薄薄的一层细砂糖。

3-2. 用喷枪在离布丁 5 厘米远的地方烘烤，烤到砂糖变成焦糖色即可。

蛋黄酥

烘焙温度：160℃，上下火，中层

烘焙时间：35 分钟

成品数量：12 个

材料准备

[油皮材料] 中筋面粉 140 克，猪油 50 克，水 45 克，细砂糖 20 克

[油酥材料] 低筋面粉 110 克，猪油 50 克

[馅料材料] 咸蛋黄 12 个，红豆馅 300 克

[表面刷液] 蛋黄 1 个，鸡蛋 1 个

[其他材料] 黑芝麻适量

操作准备

低筋面粉、中筋面粉分别过筛备用。

1 制作馅料

1-1. 咸蛋黄放入烤箱，用 90℃、上下火，置中层烤 10 分钟。

1-2. 红豆馅平分成 12 份，逐一包裹咸蛋黄。

2 制作油皮

2-1. 猪油中加入细砂糖、中筋面粉、水，混合均匀。

2-2. 面团放在硅胶垫上，揉至能拽出薄膜。

TIPS 油皮要揉到出膜状态，这样油皮的延展性比较好，不容易破，口感也好。没有中筋面粉可换成低筋面粉。

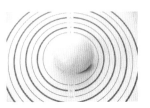

2-3. 滚圆松弛 15 分钟。

TIPS

每擀一次面皮一定要松弛 15 分钟，否则起酥效果不好。

3 ○ 制作油酥

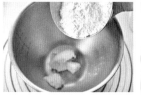 

3-1. 猪油中加入低筋面粉，混合均匀。

3-2. 滚圆松弛 15 分钟。

4 ○ 整形发酵

4-1. 松弛好的油皮和油酥，都平分成 12 份。

4-2. 把油皮压扁，油酥放在油皮中间，用两只手慢慢往上推，让油皮包裹住油酥。

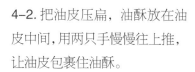

TIPS

期间注意力度，要尽量让油皮厚薄均匀，不要露馅。

4-3. 包好后，擀成椭圆形，从上往下卷起，继续松弛 15 分钟。

4-4. 将松弛好的面团垂直于卷的方向再擀长，再从上往下卷起，继续松弛 15 分钟。

5

5-1. 松弛好的面团擀成圆形，中间厚两边薄，中间放入红豆馅，两只手慢慢往上推，包裹住红豆馅。期间注意力度，要尽量让油皮厚薄均匀，不要露馅。

TIPS

擀皮时尽量中间厚四周薄，收口时两只手边转动边捏，这样才会收好口。

5-2. 1个鸡蛋打散，再加入1个蛋黄，搅拌均匀后过筛。

5-3. 面团上刷一层蛋液，放进预热好的烤箱烘烤10分钟。

TIPS

160℃，上下火，烤箱中层，烤10分钟。

5-4. 取出后再刷一层蛋液，撒上黑芝麻，继续烘烤25分钟。

TIPS

160℃，上下火，烤箱中层，烤25分钟。

传统月饼

烘焙温度：200℃，上下火，中层
烘焙时间：20分钟
成品数量：10个

材料准备

[饼坯材料] 中筋面粉 105 克，转化糖浆 75 克，枧水 1.2 克，花生油 25 克

[馅料] 莲蓉馅 700 克，咸蛋黄 10 个

[表面刷液] 蛋黄 1 个，全蛋液 10 克

特殊工具准备

100 克月饼模备用

操作准备

❶ 中筋面粉过筛备用。

---

1 ○ 搅拌面糊

1-1.转化糖浆里加入枧水，用刮刀搅拌均匀。

TIPS

枧水加多了会让月饼皮变硬、颜色过深，所以要注意枧水的量。

1-2.加入花生油，搅拌均匀。

1-3.加入中筋面粉，搅拌均匀。

1-4.揉好的面团覆上保鲜膜，放入冰箱冷藏 1 小时。

2 ○ 制作馅料

2-1.咸蛋黄放入烤箱，用 90℃上下火，中层烤 10 分钟。

2-2. 莲蓉馅分成 10 份，搓圆，再逐一压扁，每个中间放一颗咸蛋黄。

2-3. 包好咸蛋黄，将莲蓉馅揉成圆形。

3 整形烘烤

3-1. 冷藏好的饼皮分成 10 份。取一份放在硅胶垫上，擀成直径为 12 厘米的圆形。

TIPS 饼皮不能太厚，饼皮和馅料的比例应该是 2:8（喜欢皮薄的可以 1:9）。如果饼皮太厚，烤的时候容易变形，花纹也不清晰。

3-2. 把莲蓉馅放在饼皮中间，用两只手把饼皮慢慢往上推，包裹住莲蓉。注意力度，要尽量让饼皮厚薄均匀，不要露馅。

3-3. 包好以后，成为一个圆球。

3-4. 在表面均匀拍一点面粉，方便脱模。

3-5. 把圆球面团放进月饼模子，用手将面团贴着模具压满压扁。

3-6. 月饼模扣在硅胶垫上，按下手柄压出花纹，然后提起。

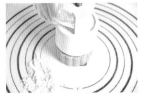

3-7. 轻扣手柄，将压出花纹的月饼脱模。

3-8. 入炉前在月饼表面喷点水，放进预热好的烤箱烘烤。

TIPS

200℃，上下火，烤箱中层，先烤5分钟。

4 ○ 表面装饰

4-1. 蛋黄和全蛋液搅拌均匀后过筛。

4-2. 入烤箱的月饼坯烤5分钟左右，待月饼花纹定型后取出来，在表面刷上蛋黄液，刷完后继续烤至指定时间。

TIPS 200℃，上下火，烤箱中层，再烤15分钟。

刷蛋黄液时注意不宜过多，否则会让花纹不清晰。

刚刚烤出来的月饼，饼皮是非常干硬的。冷却后，再密封放置3～7天，饼皮会渐渐变得柔软，表面也会产生一层油润的光泽，这时吃口感才好。

泡芙

烘焙温度：200℃转150℃，上下火，中层
烘焙时间：先烤15分钟，再烤15分钟
成品数量：12个

材料准备

水 100 克, 无盐黄油 40 克, 盐 1 克, 细砂糖 13 克(分成 10 克和 3 克), 低筋面粉 60 克, 全蛋液 95 克, 淡奶油 100 克

操作准备

❶ 低筋面粉过筛备用。

❷ 鸡蛋放至室温, 使用前打散, 备用。

❸ 裱花袋中装入裱花嘴(展艺 ZY7104 花嘴)。

1 ○ 搅拌面糊

1-1.锅内加入无盐黄油、水、盐、细砂糖 3 克, 中火煮至沸腾。

1-2.关火后立刻加入低筋面粉, 搅拌均匀。

TIPS 必须趁沸腾时加入低筋面粉, 搅拌均匀, 如果温度过低, 会影响烘烤时泡芙的膨胀。

1-3.全蛋液分三次加入面糊, 每加入一次都要搅拌均匀至完全吸收, 再加入下一次。

TIPS 全蛋液必须分次加入, 每加一次搅拌均匀后再加下一次。

1-4.搅拌至用刮刀捞起面糊时, 刮刀上的面糊呈现约 3 厘米长的倒三角形即可。

2 造型烘烤

2-1. 面糊装入准备好的裱花袋。

2-2. 在不粘烤盘上均匀挤出直径约 4 厘米的圆形。

2-3. 手指蘸一些水，抹平泡芙小尖角。

2-4. 放入预热至 200℃的烤箱烘烤 15 分钟，然后转 150℃再烤 15 分钟。出炉后放晾网晾凉备用。

TIPS 前 15 分钟烘烤的温度一定要达到 200℃，温度不够影响泡芙的膨胀。膨胀稳定后，要调低温度烘烤，让泡芙内部也烤熟。如果一直高温烘烤，泡芙表面会烤焦。

3 夹馅装饰

3-1. 淡奶油中加入 10 克细砂糖，用电动打蛋器打至全发，装入裱花袋。

3-2. 用蛋糕锯刀把泡芙切开，挤入奶油，再还原切下的泡芙，表面撒糖粉即可。

提拉米苏

烘焙温度：165℃，上下火，中层
烘焙时间：20分钟
成品数量：5杯

材料准备

[蛋糕坯材料] 低筋面粉 55 克，可可粉 10 克，全蛋液 110 克，细砂糖 95 克（其中蛋黄用 70 克，蛋白用 25 克），淡奶油 30 克，蛋白 40 克

[提拉米苏材料] 马斯卡彭芝士 150 克，淡奶油 150 克，蛋黄 1 个，细砂糖 60 克（分成 30 克 2 份，分次使用），咖啡酒 50 毫升

Candy 小语

　　"提拉米苏"是一种带咖啡酒味儿的意大利甜点。"提拉米苏"在意大利语中是"带我走"的意思，相传是一位妻子为她即将上战场的丈夫精心烹制的甜点。因此，"提拉米苏"也成为一款表达爱意的幸福甜点。

　　制作提拉米苏时，如果没有咖啡酒，可以用浓缩咖啡液 40 克、朗姆酒 10 克、细砂糖 10 克混合调制。

特殊工具准备

28 厘米 × 28 厘米烤盘，垫好高温纤维布。

操作准备

❶ 低筋面粉和可可粉混合过筛备用。

❷ 鸡蛋放至室温，打散备用。

❸ 淡奶油隔温水加热备用。

扫码观看提拉米苏
制作

1 ○ 制作可可味海绵蛋糕

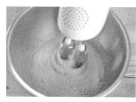

1-1. 全蛋液中加入 70 克细砂糖，隔热水用电动打蛋器打至发白，体积变大。

1-2. 继续打至全发，提起打蛋头画"8"字，保持 3 秒不消失；或蛋液滴落时能堆起保持几秒钟，再慢慢还原。

1-3. 加入过好筛的低筋面粉和可可粉，用刮刀从盆底翻拌，拌到手感变重时即可。

1-4. 细砂糖 25 克平分三次加入蛋白中，用电动打蛋器打至全发。打发好的蛋白细腻且富有光泽，提起打蛋头，蛋白呈短小直立的尖角。

1-5. 打发好的蛋白分两次加入面糊里，用刮刀拌匀。

1-6. 加入热的淡奶油，搅拌均匀。

1-7. 倒入铺好纤维垫的烤盘，放入预热好的烤箱烘烤。

1-8. 烤好的蛋糕晾凉取出，裁成杯子口径大小的蛋糕片。

TIPS 165℃，上下火，烤箱中层，烤20分钟。

2 ○ 搅拌芝士糊

2-1. 蛋黄中加入 30 克细砂糖，隔热水用手动打蛋器搅拌至细砂糖溶化，蛋黄变白。

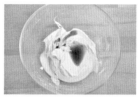

2-2. 加入马斯卡彭芝士，搅拌均匀。

2-3. 加入 15 克咖啡酒，搅拌均匀，成芝士糊。

2-4. 淡奶油中加入剩余的 30 克细砂糖，用电动打蛋器打至六分发，加入芝士糊里，用刮刀搅拌均匀。

3 ○ 入模装饰

3-1. 在小杯里挤一层搅拌好的芝士糊。

3-2. 放一片蛋糕片，刷一层咖啡酒。

3-3. 重复步骤 3-1 和 3-2，最后挤一层芝士糊，将制作好的提拉米苏放入冰箱，冷藏 4 小时。取出后在表面均匀地筛一层可可粉即可。

法式小鸡马卡龙

烘焙温度：160℃，上下火，下层
烘焙时间：8分钟
成品数量：约10个

Candy 小语

　　准备好开始挑战马卡龙了吗？让我们从相对容易操作、失败率低的法式马卡龙开始吧！

材料准备

［马卡龙壳材料］TPT（杏仁粉 60 克，糖粉 70 克），蛋白 50 克（分成 17 克、33 克两份），细砂糖 40 克，蛋白粉 0.2 克，色素或色粉适量

［芒果奶油馅材料］无盐黄油 110 克，蛋黄 1 个，细砂糖 35 克，水 12 克，芒果泥 20 克

特殊工具准备

裱花袋中装好裱花嘴（展艺 ZY7104 花嘴）

操作准备

❶ TPT（糖粉和杏仁粉）混合过筛。

❷ 无盐黄油室温软化。

1 ○ 制作法式蛋白霜

1-1. 用刮刀将 TPT（糖粉和杏仁粉）搅拌均匀。

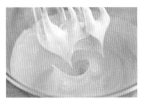
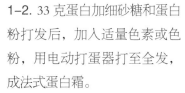

1-2. 33 克蛋白加细砂糖和蛋白粉打发后，加入适量色素或色粉，用电动打蛋器打至全发，成法式蛋白霜。

1-3. 取一半法式蛋白霜和 17 克蛋白与杏仁粉混合物拌匀。

1-4. 加入剩余的法式蛋白霜，搅拌至呈飘带状即可。

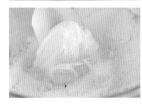

TIPS

面糊不能过度搅拌，否则容易消泡。搅拌至面糊变稀、呈不间断的飘带状即可。

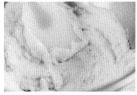

2 造型烘烤

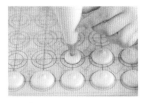

2-1. 面糊装入裱花袋，在马卡龙硅胶垫上均匀挤出直径约4厘米的圆形。

2-2. 烤箱设置40℃以下吹风，把挤好的马卡龙坯放入，待饼皮表面吹干（时间为10～20分钟）、表皮呈哑光色，手指轻碰表面不粘时，即可放进预热好的烤箱里烘烤。

TIPS 160℃，上下火，烤箱下层，烤8分钟。

烘烤温度不够，容易造成马卡龙空心，所以温度要控制在160℃。烘烤时间可根据马卡龙大小灵活掌握，直径4厘米的马卡龙一般需要烘烤8分钟。

3 饼干装饰

3-1. 糖霜调红色、粉色、橙色、黑色备用。

3-2. 取烤好的马卡龙饼干，用不同颜色的糖霜画出小鸡。

TIPS 糖霜的制作请参见本书 P.63 卡通饼干中糖霜的制作方法。

4 制作芒果奶油夹馅

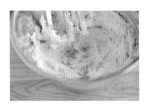

4-1. 软化好的无盐黄油打至顺滑。

4-2. 细砂糖加入水中，加热至118℃离火。

4-3. 将糖水缓慢冲入打散的蛋黄中，电动打蛋器调至高速挡位打发，糖水全部冲入后，转低速打至发白。

4-4. 测量打蛋盆底部温度，达到约35℃时，分两次将蛋黄糊加入无盐黄油里，搅拌均匀。

4-5. 基础奶油霜制作完成。

4-6. 加入芒果泥，用刮刀搅拌均匀。

5 夹馅

5-1. 芒果奶油馅装入裱花袋，取一片马卡龙饼干，在中心位置均匀挤一个圆点。

5-2. 盖上另一片画了小鸡的马卡龙饼干。

TIPS 夹好馅的马卡龙，需要密封冷藏24 ~ 48小时再吃。

将马卡龙装入密封盒里，放入冰箱冷藏，可保存5 ~ 7天。若冷冻则可保存1 ~ 2个月，食用前放入冷藏解冻。

法式可可马卡龙（配方）

烘焙温度：160℃，上下火，下层

烘焙时间：8分钟

成品数量：约10个

制作方法与法式小鸡马卡龙完全一样哦！这里就不再赘述了。

材料准备

［马卡龙壳材料］TPT（杏仁粉 55 克，糖粉 70 克），可可粉 5 克，蛋白 50 克（分成 17 克、33 克两份），细砂糖 40 克，蛋白粉 0.2 克，色素或色粉适量

［芒果奶油馅材料］无盐黄油110 克，蛋黄 1 个，细砂糖 35 克，水 12 克，芒果泥 20 克

Candy 小语

　　马卡龙是最浪漫的法式甜点，但实际上它也是意大利人发明的。相传，从意大利远嫁法国的凯塞琳公主因思念家乡，让随行的厨师做出了家乡的甜点，这款甜点就是马卡龙（意大利语Macaroon，意为"精致的面团"）。之后，马卡龙受到法国皇室及贵族的喜爱，便逐渐成为法式甜点流传开来。

意式马卡龙

烘焙温度：160℃，上下火，下层
烘焙时间：8 分钟
成品数量：约 20 个

材料准备

[马卡龙壳材料] TPT（杏仁粉 100 克、糖粉 100 克的混合），蛋白 78 克（平均分成两份，39 克一份），细砂糖 95 克（分成 15 克和 80 克两份），蛋白粉 0.2 克，水 26 克，色素或色粉适量

[百香果巧克力酱] 牛奶巧克力 110 克，百香果汁 55 克，无盐黄油 20 克

特殊工具准备

裱花袋装裱花嘴（展艺 ZY7104 花嘴）

操作准备

❶ 杏仁粉和糖粉混合过筛。

❷ 蛋白平均分成两份。

1 搅拌杏仁粉

1-1.TPT（糖粉和杏仁粉）倒入盆中，用刮刀搅拌均匀。

1-2. 39 克蛋白加入适量色素，搅拌均匀，倒入杏仁粉里。

1-3. 用刮刀搅拌好杏仁粉混合物。

2 制作意式蛋白霜

2-1. 另一份 39 克蛋白中加入 15 克细砂糖和蛋白粉，打发。

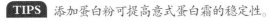

TIPS 添加蛋白粉可提高意式蛋白霜的稳定性。

2-2. 加入适量色素或色粉，用电动打蛋器打至全发。

2-3. 剩余的细砂糖 80 克倒入水中，用煮锅加热至118℃离火。

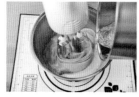

2-4. 糖水缓慢冲入蛋白中，电动打蛋器调至高速挡位进行打发，糖水全部冲入后转低速打至感觉阻力较大时，意式蛋白霜制作完成。

3 ○ 搅拌蛋白糊

3-1. 意式蛋白霜用刮刀分两次与杏仁粉混合物拌匀。

3-2. 面糊不能过度搅拌，否则易消泡。搅拌至呈飘带状即可。

4 ○ 造型烘烤

4-1. 蛋白糊装入准备好的裱花袋中，用刮板将面糊往前推，排出空气。

4-2. 把马卡龙硅胶垫铺在烤盘上，均匀挤出直径约 4 厘米的圆形。

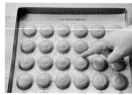

4-3. 烤箱设置 40℃以下吹风，把挤好的马卡龙坯放入，待饼皮表面吹干（时间为 10 ~ 20 分钟）、表皮呈哑光色、手指轻碰表面不粘时，即可放进预热好的烤箱里烘烤。

TIPS 160℃，上下火，烤箱下层，烤8分钟。

5 ○ 制作馅料：百香果巧克力酱

5-1. 百香果汁加热至 40℃左右。

5-2. 牛奶巧克力隔温水融化。

5-3. 百香果汁加入融化的巧克力里，搅拌均匀。

5-4. 加入无盐黄油，搅拌均匀后放入冰箱冷藏 1 小时。

6 ○ 夹馅

6-1. 冷藏好的百香果巧克力酱装入裱花袋。

6-2. 取一片马卡龙饼干，在中心位置均匀挤一个圆点。

6-3. 盖上另一片马卡龙饼干，即完成一个马卡龙。

TIPS 夹好馅的马卡龙，需要密封冷藏 24～48 小时后再吃。

将马卡龙装入密封盒里，放入冰箱冷藏，可保存 5～7 天。若冷冻则可保存 1～2 个月，食用前放入冷藏解冻。

更多口味的意式马卡龙壳配方：

选择不同的 TPT 配方，就可以做出不同口味的意式马卡龙。

可可味马卡龙 TPT 配方：可可粉 7 克，杏仁粉 93 克，糖粉 100 克。

抹茶味马卡龙 TPT 配方：抹茶粉 5 克，杏仁粉 95 克，糖粉 100 克。

咖啡味马卡龙 TPT 配方：咖啡粉 8 克，杏仁粉 92 克，糖粉 100 克。

无数次失败，才能换来完美马卡龙

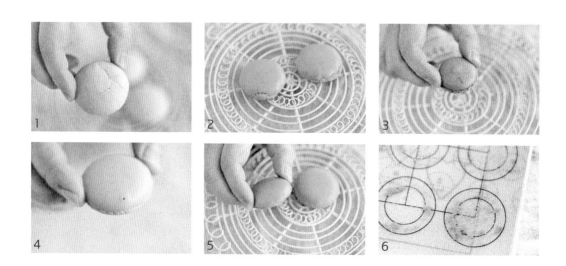

Q1：马卡龙表面为何全裂开了？

饼皮的表面还没有干透就放进烤箱里烘烤，会出现表面开裂；或者烤箱温度比烘烤所需的温度高，也会出现开裂。所以，烤马卡龙之前要摸清楚自家烤箱的脾气哦！

Q2：侧面为何开裂？

烤箱内温度不均匀，在温度偏高的地方，马卡龙侧面会开裂。

Q3：马卡龙烤好后，表面为何会有较深的颜色残留？

那是因为蛋白加色素或色粉时，没有搅拌均匀；或者在混合面糊时没有搅拌均匀所致。

Q4：表面为何有气孔？

面糊装入裱花袋时，混入了空气。用刮板往前推排出空气，就可以解决。若发现挤出的面糊有气泡，必须用牙签戳破气泡（且要在表皮未干前处理）。再就是检查杏仁粉是否受潮，如果杏仁粉受潮，可用烤箱30℃烘烤 5 ~ 10 分钟，待凉后即可使用。

Q5：为何烤不出裙边？

面糊搅拌过度，泡沫消失，就会导致烤不出裙边；烤箱烘烤温度不够，也会影响马卡龙的裙边，可用温度计检查自家烤箱烘烤时的实际温度，并进行相应调整；另外饼皮表面干燥过度，结皮过厚，也无法形成裙边。

Q6：烤好后，为何立刻取下马卡龙会粘垫？

那是因为有些马卡龙还没有熟透，烘烤时间需要增加30秒到1分钟。另外，挤出的面糊大小或厚度不统一，也会导致马卡龙成熟度不一致，而使有些马卡龙没烤熟或烤过。所以需要多练习，尽量做到挤出的面糊大小统一。

图书在版编目（CIP）数据

简单烘焙 / 梁凤玲（Candy）著. — 青岛 : 青岛出版社,2017.4
（玩美书系）

ISBN 978-7-5552-5471-3

Ⅰ.①简… Ⅱ.①梁… Ⅲ.①烘焙 – 糕点加工 Ⅳ.①TS213.2

中国版本图书馆CIP数据核字（2017）第080347号

书　　　名	简单烘焙	
著　　　者	梁凤玲（Candy）	
出 版 发 行	青岛出版社	
社　　　址	青岛市海尔路182号（266061）	
本社网址	http://www.qdpub.com	
邮 购 电 话	13335059110　0532-68068026	
责 任 编 辑	周鸿媛	
特 约 编 辑	张文静	
摄　　　影	梁丽银　王辉和	
视 频 拍 摄	方诺辰　侯锦雯　李春帆	
装 帧 设 计	丁文娟　任珊珊	
制　　　版	青岛乐喜力科技发展有限公司	
印　　　刷	北京盛通印刷股份有限公司	
出 版 日 期	2017年6月第1版　2017年6月第1次印刷	
开　　　本	16开（787mm×1092mm）	
印　　　张	16	
字　　　数	200千字	
图　　　数	1000幅	
印　　　数	1-5000	
书　　　号	ISBN 978-7-5552-5471-3	
定　　　价	58.00元	

编校印装质量、盗版监督服务电话：4006532017　0532-68068638

本书建议陈列类别：美食类　烘焙类

PETRVS
柏 翠

PE9800面包机

- 50dB静音和面
- 自动撒酵母
- 专利双管烘烤
- 24项功能菜单
- 紫金鼎压铸桶
- 自动撒果料
- iMix冰淇淋
- 一体覆膜按键

PE9600WT面包机

- WiFi云智控
- 隐藏式果料盒
- 紫金鼎压铸桶
- 28项功能菜单
- iMix冰淇淋
- 50dB静音和面
- 专利双管烘烤
- 五大特色模式

PE5359WT电烤箱

- 食物探针测温
- 陶瓷不沾内胆
- 智能变频节能
- 安全冷门技术
- 实时温度显示
- 四面隔热防护
- 云食谱WiFi智控
- 双M型发热管

PE5389电烤箱

- 38L黄金容量
- 智能预热系统
- 一度飞梭旋钮
- 钻石反射面板
- 3D热风循环
- 不沾油内胆
- 双M型发热管
- 上下独立温控

烘焙模具
让家庭更温馨
让烘焙更有趣

烘焙工具
轻松自家烘焙
轻松自在生活

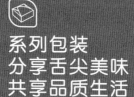

系列包装
分享舌尖美味
共享品质生活

展艺，中国家用烘焙品牌，自2011年以来，展艺一直致力于将烘焙变成一种快乐的生活体验，同时也是"轻松自家制"健康烘焙理念的倡导者。展艺专注于家庭烘焙市场，产品线包括烘焙器具、模具、工具、原料及包装，能够一站式满足家庭客户的需求。

📞 021-37651331
🔗 https://maiding.1688.com
📍 上海市松江区茸悦路158弄富悦财富广场A座27楼

烘焙原料
酿造甜蜜生活
传递幸福味道

展艺烘焙 大展厨艺　ZOE HOME BAKING